# 版式设计

## LAYOUT DESIGN

贺鹏 谈洁 黄小蕾 编著

中国青年出版社
CHINA YOUTH PRESS

# CONTENTS
## 目录

## CHAPTER 1
### 版式设计的基本理论

本章主要对版式设计的概念、历史与发展、版式设计原则、功能以及设计流程进行介绍。通过本章节的学习，帮助读者充分认识版式设计，为后面的知识学习奠定基础。

## CHAPTER 2
### 版式设计的基础知识

本章主要对版式设计的视觉构成元素、视线流程、版式的排列、版式设计的基本类型、版式设计的编排技巧进行介绍。通过本章节的学习，帮助读者了解版式设计的基础知识。

# CHAPTER 3
## 文字与图形的版式构成

本章主要对版式设计中文字的编排、图片与图形的编排、图片的编排技巧进行介绍。通过本章节的学习，帮助读者认识版式构成中的文字与图形，掌握它们的编排规律。

# CHAPTER 4
## 版式设计的网格系统

本章主要对网格在版式设计中的重要性、网格的类型、网格在版式设计中的应用进行介绍。通过本章节的学习，帮助读者对网格系统的相关知识进行了解与掌握。

# CHAPTER 5
## 版式设计与印刷

本章主要对版式设计的版式与纸张、出血、线法规定、前期制作、后期印刷进行介绍。通过本章节的学习，帮助读者充分了解对版式设计与印刷的相关知识。

# CHAPTER 6
## 版式设计的具体运用

本章主要对书籍版式设计、报纸版式设计、杂志版式设计、招贴版式设计、DM版式设计、网页版式设计等进行介绍。通过本章节的学习加深读者对各种版式设计的认识，提高具体版式设计的应用能力。

# CHAPTER

## 版式设计的基本理论

本章主要对版式设计的概念、历史与发展、版式设计原则、功能以及设计流程进行介绍。通过本章节的学习，帮助读者充分认识版式设计，为后面的知识学习奠定基础。

**课题概述**

本章主要介绍了版式设计的基本理论。通过版式设计的概念、历史发展、功能以及原则来了解版式设计流程，对版式设计的基本概念进行由浅入深的介绍。

**教学目标**

通过对版式设计的概念、历史发展、原则以及功能的了解，来学习版式设计的基本理论，了解版式设计基础知识，为进一步学好版式设计做好铺垫。

**章节重点**

了解版式的概念，并熟知版式设计的原则、功能以及版式设计的流程。

4-D FOOD

Higher taste of consciousness: Being serious about culture makers being serious about food. Adam Gopnik did wrap his window, New York City, September 2011.

"THE MORE OUTRAGEOUS THE BETTER!"

Pringle Bells, Pringle Bells!

Pure Amazement. Pure Performance. Pure Cirque.

MYSTÈRE
CIRQUE DU SOLEIL
AT TREASURE ISLAND
Directed by Franco Dragone

For tickets, call 800-392-1999 or visit treasureisland.com
Tickets available from $69 plus tax and fee.

CIRQUE WEEK 2011          GREAT PACKAGE DEALS • BEHIND-THE-SCENES EXPERIENCES
DECEMBER 1-10                                          CIRQUEDUSOLEIL.COM

## 1.1 版式设计课的教与学

版式设计是现代设计艺术的重要组成部分，是视觉传达的重要手段。表面上看，版式设计是一种关于编排的学问，其实它不仅是一种技能，更加实现了技术与艺术的高度统一。掌握版式设计这项能力是学习平面设计的前提。

针对版式设计的教与学，既要强调对平面软件的熟练操作，又要在版式设计的课程教学中建立版式设计的整体观，尝试让学生对编排的构成原理进行灵活运用；要求对优秀版式设计的形式语言进行分析；在具体教学环节的实施中强调把握设计原则。版式设计课程中的教授方法与学习方法统一，才能有针对性地实现预期的目的。

### 1.1.1 版式设计的教授方法

版式设计是一门实践性很强的课程，这类实践性课程可以通过课题练习进行教学，教学的设计思想及方法充分体现在课题设计的思路与方法中，以明确的教学目标对原有的教学方法进行改进和创新，在实践中应用理论，以理论指导实践，从以下几个方面进行教授，可从根本上决定教学效果。

（1）教授视觉思维的基本理论

分析版式设计的视觉要素，培养学生以视觉方式分析、研究和解决问题的习惯与能力。

（2）讲解版式设计形式语言

指导学生掌握版式设计所使用的形式语言，掌握构成要素各种结构方法。

（3）讲解版式设计的多种技法与表现

讲解视觉语言形式表现的多种手法，让学生学会自如运用多种材料、媒介、技法表现版式设计的效果。

（4）分析案例与实践操作

以案例分析为主，通过对优秀版式设计作品的剖析和模仿，引导学生建立版式设计的整体概念；强调研究性学习的方法，确定专题性课题设计并组织讨论，从而引导学生在实践中熟练掌握设计原则。

教授版式设计的基础目的在于让学生理解黑、白、灰整体分区概念；点、线、面在版式设计中的运用；各种设计原则及表现；把握具体设计内容与形式表现之间的内在关系，熟练掌握文字与文字、文字与图形、整体与局部之间的构成关系等。

教授方法的选择，体现了课程内容要素提取与方法归纳，体现了版式设计的内在形式元素建构，在内在规律与系统方法叙述中，实现理性分析与感性实践的融合。以此为出发点，强化课程的功能、整合课程的结构、优化课程的课题，明确版式设计原理在设计活动中至关重要的作用，见图1。

版式设计前沿理论的研究和开发，对学生的艺术潜质、思维方式、创造能力等综合素质方面的开发很有帮助。

培养学生掌握科学的思维方法，搭建完备的设计理念知识体系，自觉地运用版式设计原理进行艺术设计。同时，通过有效的版式设计教授方法能激发学生的设计潜能，在版式设计学习的过程中，不断地调整自己，成为时代需求的艺术设计人才。

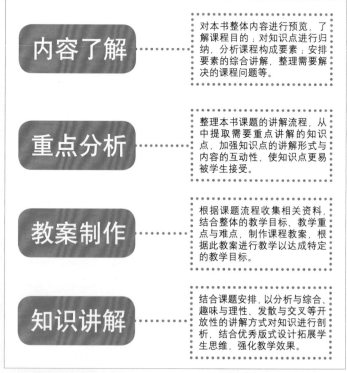

| 内容了解 | 对本书整体内容进行预览，了解课程目的；对知识点进行归纳，分析课程构成要素；安排要素的综合讲解，整理需要解决的课程问题等。 |
| 重点分析 | 整理本书课题的讲解流程，从中提取需要重点讲解的知识点，加强知识点的讲解形式与内容的互动性，使知识点更易被学生接受。 |
| 教案制作 | 根据课题流程收集相关资料，结合整体的教学目标、教学重点与难点，制作课程教案，根据此教案进行教学以达成特定的教学目标。 |
| 知识讲解 | 结合课题安排，以分析与综合、趣味与理性、发散与交叉等开放性的讲解方式对知识进行剖析，结合优秀版式设计拓展学生思维，强化教学效果。 |

图1_版式设计教授流程图

## 1.1.2 版式设计的学习方法

版式设计是设计专业重要的基础课之一。学习版式设计的目的在于把握版式设计中各种要素构成关系的能力；各种设计原则及表现；把握具体设计内容与形式表现之间的关系等。

总之，通过版式设计的学习，进而丰富画面构成，使版式设计从被动走向主动，从单一走向无限，让设计者能更积极、主动地参与主题思想表达的版式创意设计，使版式设计更有情趣、更富内涵、更显新颖。

版式设计的学习方法主要体现在以下几个方面。

（1）最大程度掌握基础知识

通过教学课题的资源、线索、内容、媒介、程序等，掌握版式设计的基础知识，同时对版式设计形成的理性方式与形式进行逻辑分析，最大程度地对知识进行吸收掌握。

（2）体验互动式教学

体验丰富的教学过程，绘制大量的草图，进行多次快速方案的练习，与教师展开教学之间的互动讨论，使学习的过程更具开放性与多元性，提高版式设计的学习效率。

（3）分析优秀版式设计

掌握了基础知识之后，更要对中外优秀的版式设计进行分析，从好的设计作品中汲取精华，综合自己的思维、形式意识、手法，使自己的心智与能力得到综合面协调的发展，提高自己的版式设计水平，见图2~图4。

（4）理论与实践相结合

参与设计实践以及各种设计、创意大赛，使理论与实践结合，通过严格的基础训练和设计实践，建立和掌握版式设计的概念和方法，学会分析、比较、选择及创新等方法，对自己的设计能力不断进行巩固与提高。

版式设计的创意不完全等同于平面设计中作品主题思想的创意，而是服务于其主题思想创意。优秀的版式设计可以突出作品的主题思想，便之更加生动，更具有艺术感染力。

通过版式设计的学习，在掌握版式设计的基础知识的基础上，对空间、形态、色彩、力场、动势等设计要素和构成要素进行深刻的认知，并对这些要素的组合规律、表现可能性等进行全面的了解，为以后的专业设计打下更稳固的基础，这包括平面设计的各个方面，例如广告、包装、报纸、杂志、书籍、宣传手册、CI、网页设计等。

图2_兰蔻Midnight Rose香水广告

▲版式设计分析：版式以紫色调为主，渲染紫色迷情的香水主题；采用了左右对称的编排模式，以中轴线将左右两侧进行分割，形成相互呼应的格局，避免版式的单一性与呆板性，画面层次清晰又耐人寻味；版式左侧大幅香水图像与右侧的人物形成差异对比，给人无尽的联想空间，同时使版式具有强烈的视觉冲击力。

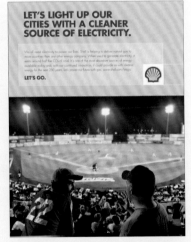

图3_电力广告

▲版式设计分析：利用明黄色将画面分割为上文下图的版式格局，带给画面足够的空间层次感；上方的黄色、红色与图像中的黄色与红色进行呼应，突出版式主题；上侧文字排列规整、版式整洁，给人可信赖的感觉；下图人物之间的互动为画面增添了活力与亲切感，符合整个版式的视觉效果。

图4_Paradisus度假村广告

▲版式设计分析：整个版式采用了图片与文字组合的编排方式，版式的视觉亮点在于图片的编排处理上，利用图形化的布局格式将度假村优美的风光、奢华的室内陈设与人物快乐的表情进行组合，对度假村悠闲、享受的主题氛围进行突出，给人以简洁大方、高格调的视觉感受。

## 1.2 版式设计的概念

要学习版式设计，首先要了解版式设计的定义。版式设计是平面设计过程中的一个重要环节，是将平面设计的所有元素在版式上进行有组织、有目的的编排，所以版式设计在很多时候又被称为编排设计、版式编排设计。版式设计可以说是现代设计者所必备的基本功之一。版式设计是现代设计艺术的重要组成部分，是视觉传达的重要手段，从表面上看，它是一种关于编排的学问，实际上，它不仅是一种技能，更是技术与艺术的高度统一。版式设计是现代优秀设计师必须具备的形式知识。

然而版式设计的形式并不是最终目的，版式设计的最终目的是为达到最直接、最快速、最有效的信息传递。设计师根据客户的需求进行合理的文字与图形的编排，用以增强读者的注目力与理解力。从而做到主题鲜明突出，一目了然，达到版式构成的最终目标，见图5。

很多初学者往往有这样的烦恼：版式设计到底从哪些方面体现？为什么会有版式设计？版式设计到底有什么样的作用？这些都是版式设计要解决的主要问题。

根据以上定义可以得到如下几个结论。

1）版式设计是一种有计划、有目的的平面展示；

2）版式设计的主体是视觉传达，视觉传达的主要作用是达到信息传递的目的；

3）版式设计是通过大众传播媒介来体现的，是视觉上的；

4）版式设计的目的是为了让人更容易读懂内容，在某种程度上也更能达到宣传的目的；

5）版式设计并不是独立存在的，而是在作品主题内容影响与作用下产生的。

图5_杂志版式设计

## 1.3 版式设计的历史和发展

版式设计的发展是一个漫长的过程。早期人类交流和传播信息与想法的途径有限，无法满足社会发展过程中文明传承的需要。随着社会的进步、书写的发展，使得用手稿记载历史事件成为可能。印刷技术的发展更是为信息的传递提供了更广阔的途径。随着印刷技术的发展，版式设计也逐步发展起来。

文字的发明是版式设计的一个重要开端，从最开始的甲骨文到金石文、石鼓文再到后来的简牍与纸张，都是版式设计的重要演变过程。下面通过比对传统书籍与西方书籍的版式设计，介绍一下版式设计的历史和发展。

### 1.3.1 中国的书籍形态和版式设计的历史

中国的书籍最早从简牍开始，简背面写有篇名与篇次，将简牍卷起来的时候，文字正好显示在外面，方便人们在阅读时查找。这为现代书籍后扉页奠定了基础。传统书籍形式对现代书籍的版式设计产生了极为重要的影响。如：现代书籍一直延续着传统书籍从上到下的文字编排形式；很多现代书籍术语仍然依照传统书籍，见图6。

随着造纸术的发明，人类对平面版式设计也有了一定的研究。中国的书籍装帧凭借纸张和木版印刷技术的优势，影响了整个传统书籍的版式构成。在大唐时期，中国传统书籍形成了独特的版式风格，中国的书籍装帧的方法从封面到扉页，从正文到插画，灵活多变，既体现书籍的严谨性与整体性，同时又保证了内容信息的多样化。

中国传统书籍的版式设计对后来的版式设计有很大的影响。中国传统书籍中的文字采用竖排、从右至左的阅读方式，形成了与当时西方书籍完全不同的版式形式。由于纸张和木版印刷技术的影响形成了书籍的许多装饰线条，这些线条不仅分割画面，使图形与文字按照其功能进行组合，同时又具有装饰版式的作用。在书籍中添加插画，采用文字与插画结合的方式进行编排，有利于版式信息的阅读。中国人在设计书籍版式与印刷技术方面都非常成熟。在中国传统书籍中，文字的编排方式表现了中国的传统文化，与中国画的构图有着重要关联，见图7~图10。

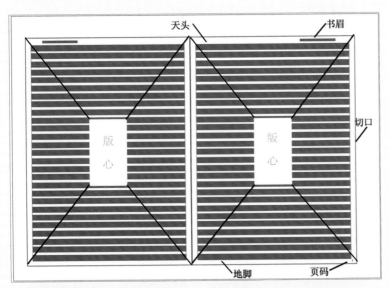
图6_书籍版式区域划分

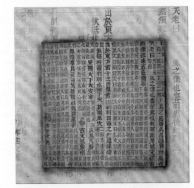
图9_传统书籍

图7_传统缣帛

图8_传统竹简

图10_传统木牍

11

## 1.3.2 西方的书籍及版式形式的发展

西方中世纪的版式设计，主要是以手工书写和绘制的宗教书籍，当时由于纸张的制作技术还未传到欧洲，因此，人们主要使用昂贵的羊皮纸进行书籍制作，一本200页的书籍，需要用4~5个月的时间来完成，所以书籍在当时社会是非常昂贵的，只有少数贵族统治阶级才能享用，见图11。

西方的手工书籍具有很高的艺术价值，许多书籍还添加金银等贵重材料，如在染成深紫红色的羊皮纸上应用金色或银色描绘各种花卉，或为书籍中的各种图案与风景进行点缀，使画面华丽美观，刻画非常细腻。在书籍画面上经常应用装饰文字，并且非常注重文字与图案的颜色对比，巧妙地应用肌理图案，使文字与图案重叠穿插，插画与文字之间穿插编排，与中国规整严谨的书籍版式有很大的区别，层次感与色彩应用分明。

18世纪，西方开始慢慢抛弃了之前的标准图书格式，为了扩大版式采用大型号的纸张，这一阶段的书籍虽在纸张和尺寸上有所改变，但是在印刷和视觉上几乎没有什么变化。这种状况一直持续到19世纪中期。

1845年，理查德·霍改良印刷机后，垂直式版式取得了主导地位，引领着当时整个版式设计的发展方向。这种版式通常以竖栏为基本单位，文字小，图片很小，标题不跨栏。这样的书籍在当时主要靠厚度来体现其重要程度。

到19世纪末，版式终于打破常规，完全突破栏的限制，横排文字，水平式版式的革命到来了。水平式版式的主要表现为标题的跨栏，大图也可在版式上出现，而且增加了色彩。

进入20世纪，特别是到了20世纪60年代，版式设计受到空前重视。版式以色彩和图片为基础，以大量文字与图片来传达信息，并且出现了留白，成为西方版式发展史上的一大转折，见图12~图13。

英国拉斐尔前派画家，手工艺艺术家，设计师威廉·莫里斯（William Morris）在版式设计上有独到的见解。图14是威廉·莫里斯曾在传统英文版式中提倡的标准。他认为①：②：③：④应按照1:1.2:1.44:1.73的比例来进行版式编排设计。

图11_羊皮纸版式

图12_报纸版式

图13_杂志版式

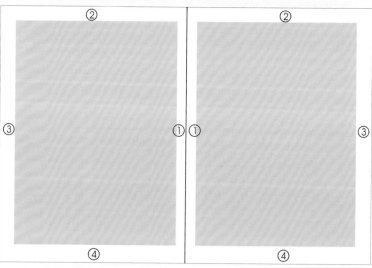

图14_威廉·莫里斯版式比例示意图

## 1.4 版式设计的原则

版式设计的最终目的是使版式具备清晰的条理性，用悦目的编排方式来更好地突出主题，使版式达到最佳效果。在版式设计中，如何对画面进行分析设计及思考的一个基本前提是，版式信息的逻辑性与画面设计的一致性，都直接影响版式视觉效果。下面对版式设计的基本原则进行介绍。

（1）主题鲜明突出

按照主从关系的顺序，使放大的主体形象作为视觉中心，表达主题思想。对文案中的多种信息进行整体编排设计，有助于主体形象的建立。在主体形象四周留白，使被强调的主体形象更加鲜明突出，如图15~图16。

图15将主体物进行特写展示，文字依次编排在版式的右侧，整个版式简洁明了，主体突出具有很好的视觉信息传递功能。

（2）形式与内容统一

版式设计的前提是版式所追求的完美形式必须符合主题的思想内容。在整合版式文字信息与图形后，通过完美、新颖的形式来表达主题思想，见图17~图18。

（3）优化整体布局

优化整体布局是对版式内的各种编排要素在编排结构及色彩上进行整体设计，以求最佳视觉传达效果，如水平结构、垂直结构、斜向结构、曲线结构等。要素的合理编排可加强视觉效果。图19中的版式采用倾斜的图形结构与垂直的文字编排，体现出强烈的视觉效果。

每一个版式的排列都有其自身原理，应用手法也多种多样，可以是夸张的、比喻的、联想的、幽默的、对比的等，其最终目的是使画面产生美感，使阅读更方便，也能够表现出设计师的艺术风格特色。图20是一张杂志的展开版式，该版式将图片对比编排，增添了版式的趣味性，在对比的同时又追求了版式的协调性，使整个版式具有和谐统一的视觉效果。图片型的编排结构使整个版式具有活跃感，文字编排整齐，起到了信息传递的作用。这种对比型的版式编排形式在版式设计中运用十分广泛。

图15_杂志版式（1）

图16_杂志版式（2）

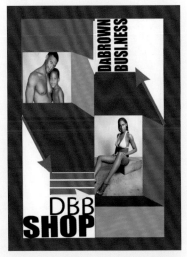

图19_杂志版式（5）

▲ 黄色箭头代表文字的编排方向，文字采用垂直的编排方式。红色箭头代表图形的编排结构。

图17_杂志版式（3）

图18_杂志版式（4）

图20_对比版式设计

## 1.5 版式设计的功能

版式设计的功能主要体现在通过版式元素的编排达到信息传达的目的，文字的编排能够保证阅读的流畅，并且通过多样的编排形式产生一定的美感，使读者在阅读的过程中充满轻松、美好的感觉。一个好的版式设计能更快、更准地传递信息。版式设计可以采用各种不同的版式编排形式体现其功能性，如图 21~ 图 25 的版式设计，对图片与文字进行合理的编排设计，使版式层次清晰、主题突出，达到信息传达的目的。

图 26 是一个杂志的版式，从整个版式结构来看，版式文字与图形编排整齐，具有一定的规律性，使读者在阅读的时候具有明确的阅读节奏与视觉流程。图片与文字的合理编排，减少了阅读时的视觉疲劳感。整个版式整洁，具有稳定性，给人平稳、理性的视觉感受。这些就是版式设计的功能性表现，它可以调整版式的协调性，使杂乱的文字与图形具有规律，体现出版式统一、协调的视觉效果。

## 1.6 版式设计的流程

版式构成是传播信息的桥梁，其所追求的完美形式必须符合主题思想。版式设计的流程是创造具有美感的平面空间的主要手法，影响着整个版式从视觉到内容的完善性目的性。

我们在做版式设计的时候，首先要明确该版式的主题，然后根据主题内容确定版式风格，最后确定各个元素在版式中的编排位置。版式设计作为加强信息传达的表现手法，在设计

图21_文字编排

图22_调整后文字编排

图23_图片编排

图24_图片与文字编排（1）

图25_图片与文字编排（2）

图26_杂志版式

编排的过程中应注意其主次结构关系。因此，在编排一个版式的图片与文字等信息元素的时候，根据主题内容的要求，应先确立版式的结构，再按照结构的划分进行文字与图形的编排，最后使版式达到协调统一的视觉效果，见图27~图28。

## 1.6.1 读者群定位

版式设计的主要目的是为了传达信息，不能盲目编排画面，而是要根据读者群体来编排版式，如书籍编辑与平面广告编辑等。书籍包括杂志、小说、教材等，根据不同的读者群体编排不同的版式设计，小孩看的书要多图少字，有乐趣；年轻人看的书要色彩感好，版式年轻时尚，能够体现年轻化、个性化；老人看的书要注意

文字的编排，选择稍微大一号的字号，内容编排通俗易懂，版式规整，符合版式阅读习惯。不同的群体要求不一样的版式设计，所以在做版式设计之前应对读者群体进行分析定位，再根据读者群体的需要进行编排设计。

比如在编排设计一本杂志的时候，首先要了解这本杂志适合什么样的群体阅读，到底是女性杂志还是少儿书籍。不同人群阅读的杂志的内容与版式也不同。如图29是一本时尚杂志，在版式设计上要求时尚新潮，采用个性时尚的女性为版式视觉重心，明确表现读物的针对群体适合年轻女性阅读。图30版式设计轻快活泼，采用可爱的卡通元素为版式主体，展现版式天真烂漫的景象，一看便知本书主要是针对小朋友而编写的。

读者群体的定位是开始版式设

计工作时首先要解决的问题。根据读者定位不同而设计不同的版式风格与版式的编排结构，才能更好、更有效地传达信息，同时也可以树立版式风格形象，得到广大读者的认可，见图31~图33。

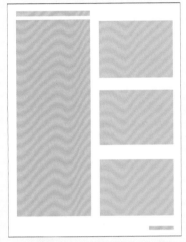

图27_杂志版式结构示意图

图29_时尚杂志封面

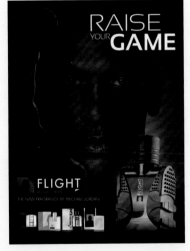

图31_时尚杂志版式（1）

▶图28是图27的版式编排结构示意图，在该版式中，灰色部分表示文字区域，蓝色部分表示图片区域。

图28_杂志版式内文版式

图30_儿童图书封面

图32_音乐杂志版式

图33_时尚杂志版式（2）

## 1.6.2 明确设计项目

完成读者群体定位之后，还要明确设计项目的主题，然后根据主题选择适合的元素，最后再考虑采用什么样的表现形式，实现版式与色彩的完美搭配。有了明确的设计项目，才能准确、适当地进行版式设计。

如图 34 所示，该版式是一个杂志专访页面，根据主题对内容进行版式结构编排，设计出符合内容要求的版式结构，从而加强信息传达，给人视觉上的流畅感。

如图 35 所示，该版式主要表现 T恤图案的个性化特征，在编排版式时，注重版式色彩与图形的表现以形成协调统一的视觉效果，充分体现出 T恤的个性化图案特征。

## 1.6.3 明确传播信息内容

一个好的版式设计不仅要具备画面的美感，更应有明确的目的性，准确传达信息是版式设计的首要任务。平面视觉作品的目的就是信息传播，版式设计通过对文字、图形与色彩的合理搭配，在追求版式美感的同时，在信息传达上也更要准确、清晰。在编排一个版式的时候，作为设计师，首先应该明白该版式设计的主要目的，要传达给目标群体什么样的信息，其次再考虑采用什么样的版式编排形式能更好地实现信息传达。如图 36 所示，版式的主要目的就是介绍产品，树立该产品的品牌形象。通过版式的编排设计，能更好地完成产品宣传的目的。结合传达目标群体的不同，在版式设计中应注意采用不同的手法，见图 37~ 图 40。

图36_时尚杂志版式（3）

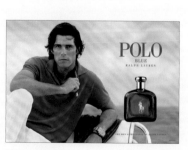

图34_时尚杂志版式（1）

图35_时尚杂志版式（2）

图37_时尚杂志版式（4）

图38_时尚杂志版式（5）

图39_时尚杂志版式（6）

图40_时尚杂志版式（7）

### 1.6.4 明确设计宗旨

在定位了读者群，明确了设计项目的主题和信息内容之后，下面让我们来了解设计宗旨。所谓设计宗旨，就是当前需要设计的这个版式想要表达什么意思，传达出什么样的信息，要达到什么样的目的。所以在设计之前，明确设计宗旨是很重要的。比如做一个饮料广告的版式设计，设计的宗旨就是让消费者了解这种饮料，提高饮料的知名度，达到促销该饮料的目的。

图 41 是一个冰箱广告的杂志宣传版式，该版式运用鱼的鲜活特征，体现该冰箱具有的很好的保鲜功能。使该冰箱在市场上形成独特的品牌形象，从而起到促销产品的作用。

图 42 主要表现的对象是城市晚报，其设计宗旨是通过信息的传达，使该晚报得到宣传，树立该晚报的品牌形象，从而起到促销的作用。

### 1.6.5 明确设计要求

设计的要求是有效、快速，现在市面上最常见的设计形式是商业广告设计。版式设计是建立在广告设计基础上的。在广告设计中，版式方面需要明白设计的要求，有明确的设计宗旨、明确的主题，通过画面与文字的结合，把商品信息准确、快速地传达给大众，起到促销商品的作用。一个好的平面广告的版式能让人一眼难忘，记忆深刻，见图 43~ 图 47。

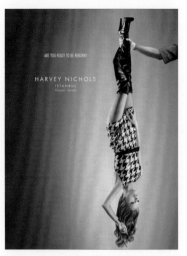

图45_品牌服饰宣传版式设计

图41_杂志冰箱广告设计

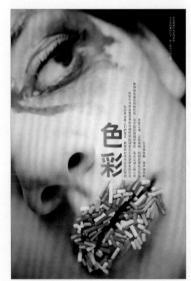

图43_时尚杂志版式设计

图46_汽车宣传版式设计

图42_报纸的宣传版式设计

图44_饮料广告版式设计

图47_海报版式设计

### 1.6.6 计划安排

在做设计之前，要对设计背景进行研究调查，收集资料、了解背景信息是做设计前的基本要求。熟悉背景的主要特征，根据收集的资料进行分析，然后确定自己的设计方案，最后根据自己的设计方案安排设计内容，在有效的时间内完成版式设计工作。

### 1.6.7 设计流程

所谓设计流程就是指做出一个设计方案所要经历的过程，这个过程是做设计的关键。首先，接到一个设计项目，要了解主题、熟悉背景、明确设计宗旨，然后对上述信息进行分析，确认设计方案，即设计定位与表现风

格。初学者往往没有手绘的习惯，喜欢直接在电脑上排版，其实，适当的运用手绘草图，完成草图以后再到电脑上完成制作稿，可以帮助构思的完整，见图48~图51。

| 第一步 | 了解主题、熟悉背景、明确设计宗旨 |
|---|---|
| 第二步 | 进行信息分析 |
| 第三步 | 确认设计方案与表现风格 |
| 第四步 | 手绘草图 |
| 第五步 | 完成制作稿 |

在确定了设计内容以后，下面我们对版式设计上的基本步骤做一些简单的分析。首先，根据版式的主题建立一张空白页面，然后在版式上划分

出整个版式的结构，最后根据传达的信息内容，将文字与图片编排在版式上完成版式设计，见图52~图54。

图48_招贴版式设计

图50_杂志版式设计

图51_酒类广告版式设计

图49_儿童图书版式设计

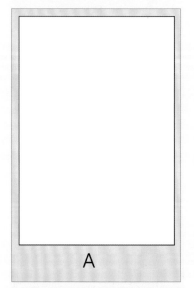

图52_建立空白页面

▲ 根据版式需要建立一张符合版式要求的空白页面，即确立版式的开本。

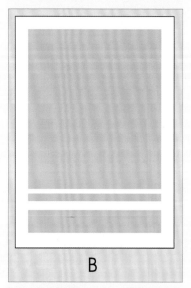

图53_划分版式结构

▲ 确定版式比例，在版式上安排整个版式结构。

图54_编排文字与图片

▲ 把图片与文字编排在版式中，使版式平衡，达到信息传达的目的。

# 教学实例

## 根据版式设计的表现手法，明确版式的设计宗旨与版式的主要功能特征

前面已经对版式的概念、历史以及发展进行了介绍，也初步了解了版式的流程安排，可以将这些版式设计的特点应用在不同的广告设计中，根据不同的版式设计采用不同的表现手法，分析版式的设计宗旨与版式的主要功能。下面我们将对蛋糕店宣传册版式与户外房产广告版式进行分析。

### 实例 1 宣传册版式设计

在做版式设计的时候，要根据版式主题内容的需要，选择合适的编排形式，明确版式的设计宗旨，从而体现出该版式的功能性特征。下面对宣传册的版式表现手法进行设计宗旨与功能性的分析。

图 55 ~ 图 56 的版式中采用了大小图对比的编排方式，将版式的主体图片放大，使版式具有明确的视觉中心。图片的大小对比关系使版式层次清晰、主题突出，达到了传达信息的目的，体现了版式的设计宗旨。文字合理编排在图片下方，具有解释说明的作用，使读者在阅读时能快速地了解版式信息，符合版式设计这一信息传达的功能性。

根据版式的需要，加大主体图片与其他三张图片的大小对比关系，使版式具有跳跃性特征，增添了版式的活跃感，见图 57 ~ 图 58。

在图 59 ~ 图 62 中，采用特写的表现手法突出主题。其中图 59 将主体物放大，版式具有强烈的视觉效果，达到信息传达的目的。在图 61 中，四张图片采用同样大小的编排方式，成为一系列的产品宣传，版式没有特别强调的产品，因此没有起到突出主体产品的作用。

图55_宣传册版式设计（1）

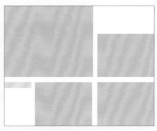

图56_版式设计示意图（1）

▲ 增强图片的大小对比关系，不仅使主体物更突出，而且使版式更具有活跃感。

图57_宣传册版式设计（2）

图58_版式设计示意图（2）

图59_宣传册版式设计（3）

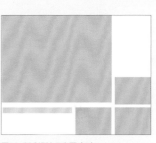

图60_版式设计示意图（3）

图61_宣传册版式设计（4）

图62_版式设计示意图（4）

## 实例 2 户外广告版式设计

　　户外广告具有版式简洁、信息明了、视觉效果强烈等特征，因此在编排户外广告版式时，常以图片的形式吸引人们的注意，文字的编排起辅助传达信息的作用，根据版式中图片的大小，表现不同的版式效果，根据不同的版式元素处理方式，了解版式的功能性特征。如图63~图65是一景点户外广告版式，下面将根据版式的表现手法进行设计宗旨与功能性的分析。

　　在图63中，采用图片上下留白、左右出血的编排方式进行版式编排，运用了图框的形式，起到强调图片信息的作用。这样的版式使图片具有一定的约束感，表现出版式的精致感与品质感，达到了信息传达的目的，体现了该版式的设计功能特征。

　　在运用出血图的版式中，文字以重叠的方式编排在版式上，应注意文字的位置和色彩关系。文字不能编排在图片要传达的重要信息上，文字的色彩一般选择黑色或者白色。在图65中，文字运用了与图片很接近的色彩，导致文字在视觉上显得模糊不清，不能很好地传达信息，因此该版式不能够体现信息传达的功能性特征。

　　在图67中，采用满版型的编排形式，使整个版式具有强烈的视觉效果。运用出血图的编排方式，给人更真实的视觉效果，整张图片就好比是一个场景，而不是简单的一幅画面。文字重叠编排在图片上，体现出版式具有强烈的空间层次感，该版式在视觉上更活跃，却少了一份精致感。因此，在版式设计中，根据版式的需要，选择适当的编排方式是很有必要的，能够更好地传达信息。

图64_示意图

图63_户外广告版式设计

▲ 运用图片框的形式使版式具有规律、严谨的视觉效果，使人有高质量的视觉感受。

图66_示意图

图65_版式设计示意图

▲ 在编排图片上的文字时，应注意文字的位置和色彩，要选用与图片区分较为明显的色彩传达信息。

图68_示意图

图67_版式设计示意图

▲ 满版型的版式编排，使版式具有强烈的视觉效果，同时更具活跃的气氛。

# 课后练习

1. 通过对版式设计知识的了解与学习，根据版式的基本原则与设计功能，编排一张报纸设计。要求画面简洁不杂乱，阅读轻松，层次清晰明了，文字编排合理，体现该报纸的功能性，见图69～图70。

创意思路
报纸的设计编排，首先要了解其设计要素、时效性以及消息宣传范围；其次要了解看报人的心理，根据阅读习惯，在版式设计上要注意层次清晰、表达准确；最后根据设计方向的定位分析，进行设计元素编排。最终目的要符合版式设计的基本原则，在个性的版式基础上使阅读更方便。

图68_报纸版式设计（1）

图69_报纸版式设计（2）

2. 通过对版式设计基础知识的了解，以不同主体作为题材设计广告版式设计，要求突出高品质，能很好地树立品牌形象，见图71～图73。

创意思路
了解广告主体的背景，由于其针对人群不同，特点也不相同，在策划之初要先了解产品的突出特点，然后再针对其优势进行设计，可以通过夸张、联想、象征、比喻等手法来突出主体特点。

图70_餐厅广告设计

图72_摩托车广告设计

图71_汽车广告设计

# CHAPTER 2

## 版式设计的基础知识

本章主要对版式设计的视觉构成元素、视线流程、版式的排列、版式设计的基本类型、版式设计的编排技巧进行介绍。通过本章节的学习,帮助读者了解版式设计的基础知识。

▌课题概述

本章主要介绍版式设计的构成元素。通过对版式设计的视觉流程、版式安排以及版式设计的基本类型的介绍,深入了解版式设计中版式视觉空间的构成元素。

▌教学目标

通过对版式设计中构成元素、视觉流程、版式排列的认识,能够熟练地将版式设计原理运用到实际版式设计当中。

▌章节重点

了解版式的构成元素,并熟知版式设计的视觉流程、版式排列以及版式设计的基本类型。

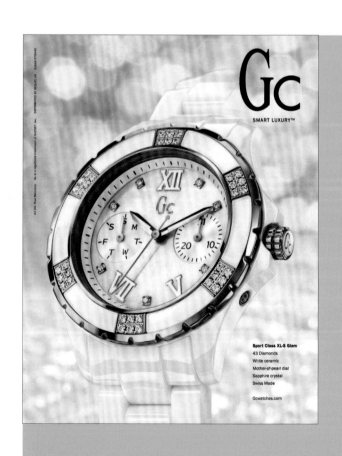

A camel
suit is the
sophisticated
alternative
to the
ubiquitous
grey or navy

*Naturella*
CON MANZANILLA
*de* **LADYSAN**

**Protección** que cuida
muy bien tu **Piel.**

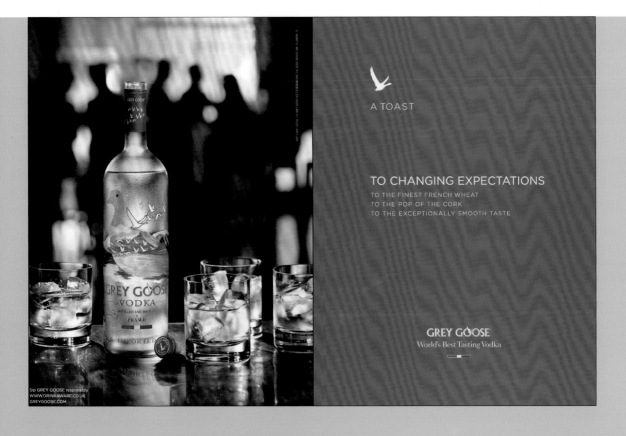

A TOAST

TO CHANGING EXPECTATIONS

TO THE FINEST FRENCH WHEAT
TO THE POP OF THE CORK
TO THE EXCEPTIONALLY SMOOTH TASTE

GREY GOOSE
World's Best Tasting Vodka

## 2.1 版式的视觉构成元素

版式设计要新颖、美观、大方，同时与自身定位相符合，其关键点在于版式构成要给人视觉上的享受。了解版式的视觉构成元素是关键的一步，视觉构成元素主要指点、线和面，不同的组合方式给人不同的心理感受。

### 2.1.1 点的编排构成

所谓点就是细小的形，点是相对于其他元素的比例而言的，而不是由自身的大小决定。点是视觉设计的最小单位，越小的形越容易被认为是点，理想的点称为圆点。点的编排构成分为密集和分散两种类型。

（1）密集型

密集型就是数量众多的点，排列疏密有致，以聚集或者分散的方式形成的构图形式，见图1~图2。

图1中将不同大小的点疏密有致地混合排列，形成散点式的构图形式。这些聚散的点大小重叠、交叉在一起，字体大小比例适中，组合成一幅成功的招贴设计；图2将一个个大小不同的圆形图案排列在一起，形成密集型排列方式。

（2）分散型

分散型的排列形式，就是运用剪切和分解的基本手法破坏整体形。破坏后所形成的新的构图效果就是点的分散型排列，见图3~图4。

其实，点作为一种视觉元素，意义非常广泛，在版式设计中起到了平衡、强调、跳跃等作用，见图5~图6。

图1_点的密集版式

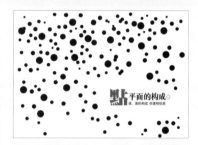
图2_点的分布版式
▲ 将不同大小的点错落有致地编排在版式上，使版式具有节奏感。

图3_点的运用版式

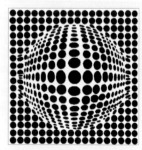
图4_点的分散示意图

图5_插画设计版式

图6_饮料广告版式设计

24

## 2.1.2 线的编排构成

线呈现出点的移动轨迹，线又被称为过长的形，即长度与宽度形成极大对比时就能称为线。线可以是移动的也可以是静止的。线可以构成各种装饰元素以及各种形态，起着分隔画面形象的作用，在设计中的影响力远远大于点。线在视觉上要占有很大空间，它们的延伸带来一种活力。线可以串联各种视觉要素，也可以把画面中的图像和文字分开，可以使画面充满动感，也可以极好地稳定画面。线的种类很多，分别具有不同的视觉感受，见图7。

线的编排构成分为有节奏的、有情感的、有空间关系的等。每条线都有自己独特的情感存在，将不同的线有节奏地编排在版式中就能形成各种不同的效果。

（1）线的节奏

由文字构成的线，其中的文字按照规律、从大小、方向上发生变化，使构成的线条有节奏地运动、呈现出韵律感，使整个画面具有无限的想象空间，见图8~图9。

（2）线的情感

无论多复杂的线都可归纳为直线和曲线，任何线都是以这两种线为基础发展而来。直线和曲线在画面上给人的视觉效果是不一样的，直线一般代表男性化，刚硬而有力；曲线一般用来表示女性的柔美。因此，我们在运用线条之前，应该对线的表现有一定的了解，才能更好地表达情感，见图10~图11。

（3）线的空间

线不仅仅具有情感因素，还具有方向性、流动性、延续性和空间感。线条的起伏荡漾所产生的视觉空间上的深度和广度，给予设计宽广的思维空间。线条的微妙变化显示出设计的含蓄与情感。放射性的线条使画面视觉表现强烈，具有爆发力，见图12。

无论何种线，不管是机械形式或是偶然随手绘制的，都会引起人的视觉反应。由于线的形态的多样性，线与线的组合产生多种多样的视觉效果。

图9_线的节奏

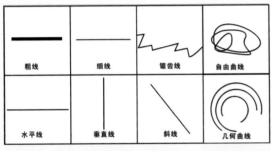

图7_线的表现形式

（粗线　细线　锯齿线　自由曲线　水平线　垂直线　斜线　几何曲线）

图10_曲线构造的女性

图8_线的节奏

图11_线的情感

图12_线的空间感

### 2.1.3 面的编排构成

面可以理解为线重复密集移动的轨迹和线的密集形态，也可理解为点的放大、集中或重复。另外，线分割空间，形成各种比例的面。面在版式中具有平衡、丰富空间层次、烘托及深化主题的作用。

面在空间上占有的面积最大，因此，在视觉上比点和线更强烈，同时具有鲜明的个性特征。几何形和自由形是面的两大类型。在图13~图15中，面的形状和边缘影响着面的表现形态，使面的形象产生很多变化。从整个视觉要素来看，面的视觉影响力最大，在整个画面上有举足轻重的地位。

（1）面的分割构成

面的分割构成主要表现为：线条对一张图片以及多张图片进行的分割，使其整齐有序地排列在版式上。像这样的分割编排版式，具有强烈的秩序感和整体感，使版式具有严肃、稳定的视觉效果，见图16。

（2）面的情感构成

面具有多重性格，丰富的内涵，有时动态强势，有韵律，能够塑造立体感，给人很多错觉，见图17。

### 2.1.4 点线面的混排

一个完整的版式是由点、线、面的有机结合而构成的。在版式中的点由于大小、形态、位置的不同，所产生的视觉效果和心理感受也不同。点的流向编排就形成了线，线的密集排列形成面。点、线、面是相对而言的，主要根据它们在画面中的比例关系决定。线从理论上讲是点的发展和延伸，在版式设计中是多样的。在很多应用性版式设计中，文字构成的线占据画面的主要地位，成为设计师的重要处理对象，见图18~图21。

图13_面的几何直线形示意图

▲ 几何直线形：如方形、三角形、菱形

图14_面的几何曲线型示意图

▲ 几何曲线形：如圆形、椭圆形

图15_面的自由形示意图

▲ 自由直线形、自由曲线形

图20_饮料广告版式设计

图16_面的分割

图17_面的情感

图21_禁烟招贴版式设计

图1.8_牙膏广告版式设计

图19_鞋类广告版式设计

## 2.1.5 版式设计中的其他构成要素

版式设计由不同的元素巧妙地搭配而成。前面我们已经讲解了一些有关版式设计的基本构成元素，即点、线、面。下面我们来了解一下版式设计中的其他构成要素。

（1）三维空间的编排构成

所谓三维空间就是立体的，但是在平面版式上的三维空间，是通过版式上各种元素的远近来表现的，是在平面上制造的一种假象，采用近大远小的比例、不同的位置和突显的肌理来制造空间层次。

1）比例关系的空间层次，是指面积大小的比例关系，在版式编排的时候将主体形象放大，次要形象缩小，使版式形成良好的主次、强弱的空间层次关系，见图22。

2）位置关系的空间层次，是将文字与图形前后重叠排列所产生的空间节奏感，见图23。

3）肌理空间层次，主要表现为肌理的粗细、质感与色彩的变化，见图24~图25。

（2）色彩构成

心理学家对颜色与人的心理健康进行了研究。研究表明，在一般情况下，红色表示快乐、热情，使人情绪热烈、饱满，激发爱的情感。黄色表示快乐、明亮，使人兴高采烈，充满喜悦之情。绿色表示和平，使人的心里有安定、恬静、温和之感。总之，颜色会给人的情绪带来一定的影响，使人的心理活动发生变化。在版式设计中，颜色也是一个很重要的视觉元素，其本身就具有强烈的空间感。合理地利用色彩搭配，能吸引人们的注意，让人印象深刻，见图26~图28。

图22_比例关系构成空间层次

图23_位置关系构成空间层次

图24_肌理空间层次（1）

图25_肌理空间层次（2）

图26_版式色彩构成（1）

图27_版式色彩构成（2）

图28_版式色彩构成（3）

## 2.2 版式的视觉流程

每一个版式都有视觉流向，要想在视觉上有所突破，就要在视觉流向上下功夫。版式构成的视觉流程主要是指平面上各种不同元素的主次、先后关系，是设计上处理起始点和过程的一种阅读节奏。

### 2.2.1 单向视觉流程

在解读或认识一些平面读物的时候，都会有一定的先后顺序和主次关系，设计师在编排的过程中，特意采用某种形式来引导人们的视觉流向，就是编排设计中的视觉流程。视觉流程的编排在展现设计师个性化的同时，也要符合人的视觉习惯，如果过分夸

张反而会得到适得其反的效果。单向视觉流程按照常规的视觉流程规律，引导读者的一种视觉走向，使版式的视觉走向更简洁明了，见图29~图32。

单向视觉流程有三种表现形式。

1）直式视觉流程：视觉流向简洁有力，具有稳固画面的作用，在引导读者的同时又稳定了画面，见图33。

2）横式视觉流程：主要视线是水平的，具有温和的画面情感，给人一种很安静的感觉，见图34。

3）斜式视觉流程：主要视线在右上角与左下角之间，给人倾斜的视觉效果和不稳定的心理感受。斜式视觉流程具有强烈冲击力，能有效地吸引人们的注意，见图35。

图33_直式视觉流向

图34_横式视觉流向

图29_家居广告版式设计

图30_招贴设计版式

图31_杂志版式设计

图32_洗发液广告设计

图35_斜式视觉流程

### 2.2.2 重心视觉流程

我们在看一个版式设计的时候，视线常常迅速由左上角到左下角接触画面，再通过中心部分从右上角经右下角，然后回到以画面最吸引视线的中心视圈停留下来，这个中心点就是视觉的重心。视觉重心有稳定版式的效果，可以使版式具有平稳的视觉效果，给人可信赖的心理感受。

版式设计主要表现在视觉上，优秀的版式设计，主要表现为版式上的元素构成达到和谐的比例关系，形成的一种视觉平衡。在版式设计中，视觉重心指的就是整个版式最吸引人的位置，根据每个版式的需要，视觉重心的位置也不一样。视觉重心偏向画面右侧，会给人局限、拥挤、稳重的感觉；视觉重心在左侧，给人一种自由、舒适、轻松的感觉；视觉重心在下方，给人下坠、压抑、消沉、稳定的感觉。

每个版式的视觉重心点是最吸引人们注意的，根据版式所表达的含义来决定视觉重心的位置，能更好、更准确地传达信息，见图36~图37。

### 2.2.3 反复视觉流程

所谓反复视觉流程，就是以相同的或者相似的元素反复排列在画面中，给人视觉上的重复感。设计师采用这种重复性的图案，增强了图形的识别性和画面的生动感，形成了画面的统一性和连续性，给人整齐、稳定、有规律的感觉，增添了整个版式的节奏与韵律。

在完全相同的元素重复时，也要有不同的表现方式，在相同中找差异，在整齐中求变化，这就是反复视觉流程中的特异视觉流程。采用突破的手法，违反秩序以突出小部分元素来展现面的趣味感，不但能吸引读者的眼球，还能使整个版式更具有生气，见图38~图40。

图36_重心在右侧

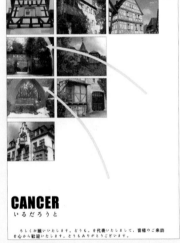

CANCER
いるだろうと

図37_重心在左侧

图38_反复视觉流程（1）

MADE OF JAPAN

图39_反复视觉流程（2）

图40_反复视觉流程示意图

▲ 反复视觉流程增强了版式的连续性，可以加强读者的记忆，使版式具有明确的节奏与韵律。

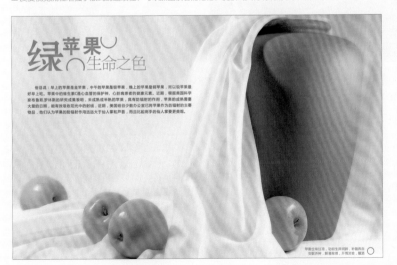

绿苹果
生命之色

图41_特异视觉流程

### 2.2.4 导向性视觉流程

所谓导向性视觉流程，就是设计师在设计上采用的一种手法，引导读者按照自己的思路贯穿整个版式，形成一个整体的、统一的画面，见图42~图43。

导向视觉流程分为两种。

1）放射性视觉流程就是将点和线作为引导，把散落在周围的所有元素统一在一个圆点上，达到统一画面的视觉效果，使整个画面富有动态感，见图44。

2）十字型视觉流程就相当于在画面上画了一个十字架，这个十字架的中心就是整个版式的视觉中心，同时也引导读者的视线从四周向中间集中，突出了重点，最大程度地发挥出信息传达的作用，见图45。

### 2.2.5 散点视觉流程

散点组合是指将图片散点排列在版式各部位，版式充满自由轻快之感。编排散点组合时，要注意图片大小、主次的搭配、方形图与去底图的搭配，同时还应考虑疏密、均衡、视觉方向程序等因素。散点视觉主要分为：发射型和打散型。

发射型具有一定的方向规律，发射中心就是视觉焦点，所有元素都向中心集中，或由中心散开，具有强烈的视觉效果，见图46。

打散型就是把一个完整的东西分成几个部分，然后再根据版式设计构成原则进行组合。这种方法可以帮助我们了解事物内部结构，从不同的角度去观察事物，用分割的结构元素再组合成一种新的形态，产生不一样的美感，见图47。

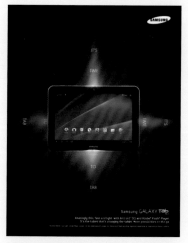

图45_十字型视觉流程

图46_发射型视觉流程

图42_导向性视觉流程（1）

图43_导向性视觉流程（2）

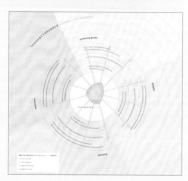

图44_放射性视觉流程

图47_打散型视觉流程

## 2.3 版式的排列

版式的排列主要表现为版式上各类元素的和谐搭配，在编排的过程中，必须做到传达的信息逻辑关系一致、主次分明，表现合理。版式设计主要表现为视觉传达，要在视觉上引人注目，在版式上就要有所突破，展现个性化设计。下面我们来了解几种版式设计的基本排列方式。

### 2.3.1 版式的大小比例

版式的主要元素是文字、图形、色彩等，通过点、线、面的组合构成，并采用夸张、比喻、象征的手法来体现视觉效果，既美化了版式，又提高

了传达信息的功能。版式的大小比例，指的是画面中各元素间的比例关系。图片和文字信息越多，整个版式的大小比例越小。同时，版式大小的比例，也指近大远小产生近、中、远的空间层次。在编排中可将主体形象或标题文字放大，次要形象缩小，来建立良好的主次、强弱的空间关系，以增强版式的节奏感和明快度，见图48~图52。

在图53与图54中，图53的图片与文字的比例较大，在视觉上给人活跃、具有生气的感觉。图54主要以文字信息传达为主，给人安静平稳的印象。掌握版式设计的比例关系是很重要的，可以根据具体情况选择适合的版式比例。

图52_以文字为主的封面设计

图53_图片多的版式比例

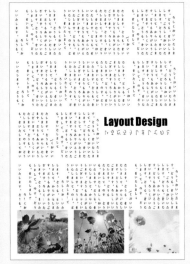

图54_图片少的版式比例

▲ 图片比例较大的版式给人活跃、有生气的视觉效果。文字信息为主，图片较少的版式，给人安静、平稳的视觉效果。

图48_以图片为主的招贴版式设计

图49_以图片为主的杂志版式设计

图50_图文结合的杂志版式设计

图51_以文字为主的杂志版式设计

## 2.3.2 对称

所谓对称,就是以中轴线为轴心的上下、左右对称,以原点为基准的散点放射性对称。对称画面的特点是:使画面统一、庄严,给人高品质、可信赖的感觉。

在版式设计中,对称的画面如果处理不好很容易使画面产生呆板、单调的感觉。在对称画面中可以采用一些手法来控制画面的美感,采用版式均衡的方式来传达信息,在均衡中寻求不均衡,使画面更具有动态感。对称是指左右版式完全一样,镜像相同均衡是指在视觉上给人左右平衡的感觉,但是不镜像相同。对称与均衡的结合可以使整个版式变得更有趣味性,具有生动、活泼、明确的视觉效果,见图55~图57。

## 2.3.3 黄金版式

黄金比例是希腊建筑中美的基准(1:1.618),这个传统比例一直影响着社会美学。在平面设计艺术中,设计师常把黄金分割比例用在选择纸张大小上,从而实现设计的平衡。

黄金版式在很多作品中都存在,它所分割开来的两个页面部分的比例,可以愉悦观者的眼睛,是自然界和谐共存的一种表现。符合黄金分割比例的形式最容易引起人视觉上的美感,见图58。

设定黄金比例的主要步骤。

1)选择一张正方形的纸;

2)按照中轴线对折,形成两个相同的长方形;

3)在纸上画出一个等腰三角形;

4)等腰三角形的顶点画一条弧形;

5)以圆弧和基线的交叉点画一条垂直线,使原来的正方形变成现在的长方形。此时就形成了标准的黄金比例。

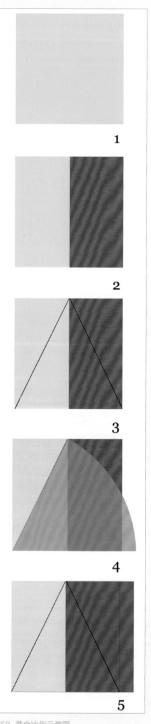

图58_黄金比例示意图

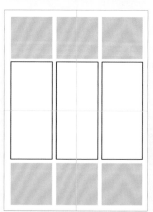

图55_两栏对称示意图

◀该版式主要分为A、B两个小版式,在整个版式中A:B为1:1,以版式的中轴线分开,形成对称版式。

图56_三栏对称示意图

图57_三栏对称版式

▲该版式采用了均衡与对称的结合,使版式具有趣味性和生动性。

### 2.3.4 对比和平衡

对比可以是形态的对比，也可以是色彩和质感的对比。对比使画面具有明了、肯定、强烈的视觉效果，让人印象深刻。自然界中原本就存在着很多对比，例如，天与地的对比、海洋和陆地的对比、花与草的对比等，对比使世界有了很大不同。

在版式设计中，对比是对画面的视觉要素进行编排处理的一种视觉效果。对比分为：文字对比、图形对比、色调对比、动静对比等。适当的对比可以使画面主体突出，视觉流程清晰，但过于强烈的对比会使得画面失去整体的美感，因此在掌握对比的时候要把握分寸。在使用对比的时候，要求画面统一，视觉要素的编排要有一定的趋势，有重点，相互烘托。如果整个画面都是对比，不仅不能突出主题，还会使画面杂乱而无条理，不能强调

出对比的因素。

平衡是一种相对的稳定状态，在版式设计中，主要表现为版式的上、下、左、右比例适中，左右版式接近均衡的版式结构，在视觉上给人平衡、稳定的视觉效果。平衡的版式具有稳定性，与对比强烈的版式不同，平衡版式给人理性、安静、稳定的视觉效果。平衡版式应注意左右对比，避免过于呆板的版式，见图59~图63。

### 2.3.5 四边和中心

在版式结构布局上，四边与中心是非常重要的。四边是指版心边界的四个点，把四边连接起来的斜线即对角线，交叉点就是中心点。编排的时候，通过四边和中心结构可以使版式具有多样的视觉效果。中心点能使画面产生横、竖居中的平衡效果。

通过四边和中心结构可以使版式

具有多样的视觉效果。中心点能使画面产生横、竖居中的平衡效果，见图64。

图61_对比与平衡版式（3）

图62_对比与平衡版式（4）

图63_四边与中心版式

图59_对比与平衡版式（1）

图60_对比与平衡版式（2）

### 2.3.6 破型

破型的"破"字，在版式设计中是指打破拘束、打破平衡、增添动感的手法。在版式设计过程中，要注重版式上各种设计元素之间的结构关系，这种结构关系可以帮助读者与设计师进行交流，其实，打破传统的结构能有效地传达出一种特殊的设计效果。破型是版式设计中一种很有效的排列方式。

破型的版式设计能够表现出创意，因为打破了传统的网格结构，设计师可以对其自由发挥，使版式更具新意，但是这样的版式也比较难以控制。

破型的版式应注意把持尺度，必须考虑到读者是否能从中获得信息，这才是版式设计的主要目的，见图64~图65。

## 2.4 版式设计的基本类型

在进行版式设计时，经常会采用不同的版式形式来传递信息。不同的版式有其自身的规律，下面介绍几种常见的版式设计类型。

### 2.4.1 满版型版式设计

满版型主要以图片传达信息，将图片充满整个版式，在视觉上更直观、表现强烈。根据版式的需要，文字编排在版式的上下、左右、中心点上。满版型版式层次清晰，传达信息准确明了，给人大方、直白的感觉，常用于平面广告中，见图66~图67。

如图68~图69中，整个画面采用了一整张照片的形式宣传信息，当照片放大到一定的比例后，就会具备强烈的视觉效果，吸引人们注意。广告的最终目的是宣传产品，满版型版式设计具有传播速度快、视觉表现强的宣传效果，是版式设计中最主要的表现形式。

图64_破型版式（1）

图65_破型版式（2）

图69_满版型版式（3）

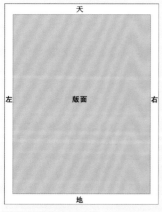

图66_四周留白版式示意图

图67_满版型版式（1）

▲ 有颜色的部分是版式。当整个版式的天、地、左、右没有留白的时候，就构成满版型版式。

图68_满版型版式（2）

### 2.4.2 分割型版式设计

在平面构成中，把整体分成部分，叫分割。分割也是版式设计中的重要表现手法，它可以调整画面的灵活性，对画面进行一些取舍后再拼贴，形成另一种风格的版式。下面介绍三种常用的分割方法。

第一种是等形分割。分割形状完全一样，分割后再对分割界线加以调整或取舍，达到一种良好的效果。

第二种是自由分割。自由分割就是不规则地、无限制地对画面进行自由分割的一种方式，不同于数学规则分割产生的整齐效果，使画面产生活泼、不受约束的感觉。

第三种是比例与数列。利用比例关系完成的构图通常都具有秩序、明朗的特性，给人清新的感觉。分割具有一定的法则，如黄金分割法、数列等。

分割型版式设计在版式上采用分割再拼凑的方法，以一种打破常规的版式构成形式，在视觉上吸引人们的注意，表达一种有视觉冲击、活跃的版式效果，见图 70~ 图 72。

图 73 采用了分割的手法，使画面变得有生气，不像一张单一照片那么呆板。分割的版式具有强烈的空间感，展现了版式的灵活性。

### 2.4.3 倾斜型版式设计

倾斜型版式设计主要表现为：版式主体形象或多幅图版做倾斜编排，造成版式强烈的动感和不稳定因素，引人注目。

倾斜型版式设计，在视觉上具有强烈的视觉效果。画面的倾斜排列，让人产生一种重心不稳的感觉，给人不稳定的视觉效果，属于单项视觉流程中的倾斜视觉流程的特点，画面具有冲击力。

图 74 与图 75 为两张招贴设计，文字的倾斜排列，使画面更具活力，给人不稳定的视觉效果，增添了版式的视觉冲击力。

图70_等形分割示意图

图73_分割版式

图71_自由分割示意图

图74_倾斜型版式（1）

图75_倾斜型版式（2）

图72_比例分割示意图

### 2.4.4 三角型版式设计

根据人们对图形的认识，三角形相对于圆形、四方形等基本图形，是最具安全稳定因素的图形。在版式设计中三角型版式分为两种：

第一种是正三角型版式。正三角形自古以来都是象征稳定的图形，被人们认为是最具稳定感的图形存在。在版式设计中，正三角形的版式设计给人更稳定、更安全、值得信赖的感觉，见图76~ 图77。

第二种是倒三角型版式。倒三角形的版式构图给人以动感和不稳定感，使画面呈现紧张感，见图78。

### 2.4.5 曲线型版式设计

曲线型版式设计就是将同在一个版式中的图片或文字在排列结构上做曲线型的编排构成，产生一定的节奏和韵律。曲线型版式设计具有一定的趣味性，让人的视线随着画面上元素的自由走向产生变化，见图79~图80。

### 2.4.6 自由型版式设计

自由版式设计打破了古典设计与网格版式设计的制约与限制，具有前卫意识的版式形式和风格。自由型版式设计是指在版式结构中采用无规律、随意的编排构成，使画面产生活泼、轻快的感觉。打破常规，在版式排列上追求自由的编排形式，使创意更能得到表现。

自由型版式设计没有网格的约束，在排版上体现个性、风格化的设计。在编排的过程中要注意把握画面的协调性，见图81。

图79_曲线型版式（1）

图80_曲线型版式（2）

图76_正三角型版式（1）

图78_倒三角型版式

图77_正三角型版式（2）

图81_自由型版式

### 2.4.7 其他类型版式设计

除了之前讲解的满版型、分割型、倾斜型、三角型、曲线型和自由型版式设计之外，还有其他类型的版式设计，包括骨格型、上下分割型、左右分割型、中轴型、对称型、重心型、并置型和四角型等。

骨骼型版式设计包括竖向通栏、双栏、三栏和四栏等。一般以竖向分栏为多。

上下分割型版式设计中，将整个版式分成上下两部分，在上半部或下半部配置图片，另一部分则配置文字，使画面达到平衡，见图82。

左右分割型版式设计，将整个版式分割为左右两部分，分别配置文字和图片，使版式达到稳定与平衡，见图83。

中轴型版式设计将图形作水平方向或垂直方向排列，文字配置在上下或左右。

对称型版式设计一般分为绝对称和相对对称。对称的版式，给人稳定、理性、理性的感受，一般多采用相对对称手法，以避免过于严谨。对称一般以左右对称居多，见图84。

重心型版式设计在版式中产生视觉焦点，使主体更加突出，见图85。

并置型版式设计将相同或不同的图片进行大小相同而位置不同的重复排列，并置构成的版式有比较、解说的意味，给予原本复杂喧闹的版式以秩序、安静、调和与节奏感，见图86。

四角型版式设计连接四角的对角线结构上编排图形，给人严谨、规范的感觉。

图83_左右分割型版式设计

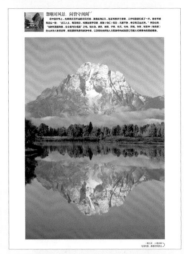

图84_对称型版式设计

图85_并置型版式设计

图86_重心型版式设计

图82_上下分割型版式

## 2.5 版式设计编排技巧

掌握版式设计的编排技巧，将图形、文字和色彩等构成元素并列在一起，使各元素鲜明地表现出自己的特征，版式中充满着矛盾的对抗和差异的对比，产生了一种既相互排斥又相互吸引的内在张力。

### 2.5.1 掌握版式视觉心理学

版式设计的编排不仅影响到视觉效果的美观性与阅读的流畅性，对于读者的心理也有着一定的影响。不同的版式构图能够给人带来不同的视觉感受，掌握了这些心理感受，会更加有利于版式信息的有效传达和感情的传递。

版式设计通过不同的版式构图使人产生不同的视觉感受，主要通过以

下的几种方式实现。

第一种是安排版式构成元素之间的差异对比，利用色彩、质感等的对比效果带给人们强烈的视觉冲击，见图87~图88。

第二种是版式设计中视觉对象的运动，利用画面的动感带给人们活泼、热情的心理情绪等，见图89。

第三种是版式中图形的夸张与变形，带给人们奇妙、特别的心理感觉，见图90。

第四种是版式中的节奏和韵律感，带给人们宁静、舒缓的感受等，见图91。

无论是哪一种视觉现象引起的心理感受都是不同的，其根本的原因就在于版式设计的视觉对象之间丰富的关系引起了人们的视觉感官的适应性和视觉对抗力。版式设计的创作就是

将这种关系有机地组织起来，成为版式艺术的形式美和抓住人们视线与心理的强烈展现。

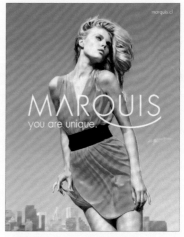

图88_对比色调的视觉冲击

图87_质感对比的视觉冲击

图89_动感画面的视觉冲击

图91_版式中的韵律感

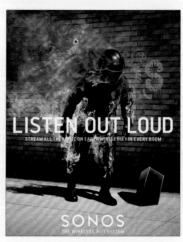

图90_夸张火焰的视觉冲击

## 2.5.2 明确版式设计主题

了解了版式设计带给人的视觉感受,接着学习版式设计的主题。版式编排是借形式规律的表现方式来建立版式良好的视觉组织秩序,从而更好地传达主题精神,达到版式最佳的表述效果。强调鲜明的主体视觉传达,增强版式的诱导力,加强读者对内容的理解。要获得版式鲜明的视觉效果,可以通过版式的空间层次、主从关系、视觉秩序及彼此间的逻辑条件的把握来达到。

明确版式设计主题主要有以下几种方式。

第一种是根据商品的类型决定版式主题。版式设计的类型众多,根据需要宣传的商品类型可以对版式的选择形成影响。例如相机广告的主题通常是以表现产品的高档、实用为主对

主题进行宣传,见图92;食物版式设计以突出美味食物带给人们视觉和心理上的愉悦感受等,见图93。

第二种是根据目标受众来决定版式主题。根据商品不同的目标受众,应该选择不同的版式类型,不能仅仅考虑视觉上的效果。例如针对中高薪阶层的名牌手表,适合使用较为低调的构图,对主体商品的质感进行烘托,形成低调而华丽的品牌印象,见图94;针对大众的剃须刀可采用较为活跃、层次丰富的版式,形成动感、丰富的视觉效果,见图95。

第三种是根据最终宣传目的来决定版式主题。不同的商品和不同的客户对于宣传的目的有不同的要求,一般来说,商品的宣传目的是希望能够提高销售量,因此在版式上应该着重突出对商品形象的具体展示,让读者清楚地辨认和记忆,对能够体现产品

优势的文字信息进行强调处理,引发人们的购买欲,见图96;活动的宣传目的是希望吸引更多的人来参加,在版式安排上需要突出活动的名称、具体时间和举办地点,并对主要内容作出大概的介绍等。

图94_手表广告版式设计

图92_相机广告版式设计

图95_剃须刀广告版式设计

图93_美食版式设计

图96_商品促销版式设计

### 2.5.3 色彩影响版式设计

版式设计的三大要素分别是文字、图像和色彩，在这三大要素中，首先首先被关注的就是色彩。在版式设计中，色彩能够优先被人注意到，并传递版式的第一视觉印象。文字和图像也都必须有色彩的体现，因此可以说色彩对设计作品的效果有着非常关键的影响。同时，版式色彩的选择需要根据主题内容来决定，围绕主题确定的色彩，才能够传达出正确的理念。色彩是版式设计中最活跃的元素，它不仅为设计增添了变化和情趣，还增加了设计的空间感。

利用色彩加强版式设计的感染力的同时需要了解以下知识。

1）色彩丰富组合和无穷变化，有一条规则需要遵守，那就是不要过度使用色彩，否则将失去使用色彩的效果，见图97~图98；

2）特殊的色彩组合也可以造就设计的情趣。需要产生和谐的感觉就使用相近的颜色，即色谱中邻近的两种颜色，例如蓝色和绿色；要具有更多的张力和变化，就使用对比色，即色谱中相对的两种颜色，例如红色和绿色。合理使用这种色彩组合可以迅速引起人们的关注，见图99~图102。

利用色彩对版式设计进行创作的步骤主要如下。

1）应该先决定作品要传达什么信息和情绪；

2）对相适应的方案进行评估；

3）创作出一幅有合适产品、色彩和谐的图片与之相匹配；

4）不断地用不同的色彩练习实验，并对你所要表达的信息和情绪进行评估和润色，见图103~图104。

图97_色调统一的版式设计

图98_色调统一的广告设计

图101_对比色调的版式设计（1）

图102_对比色调的版式设计（2）

图99_邻近色调的版式设计（1）

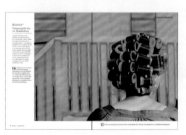

图103_不同色调下的杂志版式设计（1）

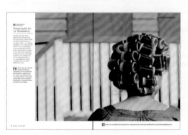

图104_不同色调下的杂志版式设计（2）

图100_邻近色调的版式设计（2）

### 2.5.4 图片的视觉度应用技巧

视觉度是指文字和图片在版式中产生的视觉强弱度，版式的视觉度关系到版式的生动性、记忆性和阅读性。对版式设计而言，如果版式仅仅是文字的排列而无图形的插入，会显得毫无生气和感染力。从图形与文字的视觉传播力和表现力来讲，图形的传播度要优于文字，其优势在于形象、直观、便于阅读，同时比文字的视觉度高，图片直接影响版式的视觉度，见图105。

掌握图片视觉度的应用技巧，可以通过有视觉冲击力的图像，激发人们的阅读兴趣，达到推广宣传的目的。

1）同样大小的图片，不同的内容能够给人不同的印象，在设计时把握住观者的兴趣点，运用适合的图片进行宣传，可以和观者形成很好的交流，见图106。

2）在照片的选择中，通常人物的形象最具有表现力，尤其是脸部特写，很容易与观者形成情感上的交流，引发共鸣，见图107。

3）普通的事物如果选择了特别的角度进行构图，展示出平时不易察觉的细节，定会带来意想不到的视觉效果，见图108。

4）有趣的对象如果使用难以辨认的角度进行展示，也会使表现力大幅下降。因此，好的拍摄角度是图像视觉效果的重要因素，见图109。

5）视觉强度最弱的则是天空、大海等风景的图像，这样的图像能够令观者的情绪平静安适，见图110。

图108_女性用品广告设计

图109_汽车杂志封面设计

图105_杂志版式设计

图106_品牌服装版式设计

图107_汽车广告版式设计

图110_招贴版式设计

## 2.5.5 版式设计小元素应用

在版式设计中,除了对主体元素的把握之外,添加一定的小元素可以更好地增强版式传达的内容与丰富版式效果。对增强版式装饰阅读的快感与趣味性很有帮助,同时使版式的层次感更强。

常用的图像小元素有去底图片、标点符号、手绘插画和矢量图形等。下面对图像小元素进行简单的介绍。

1)去底图片的应用。对照片素材进行去底的处理,可以使物体以自然的形态展示出来,带来非常生动、真实的视觉效果。去底图片可应用的范围十分广泛,可以放置在主体图像的周围,形成补充说明,并且起到软化硬边图片的作用;也可以穿插在文字段落之中,带来活泼的感觉,并兼具

图示的作用等。去底图片可以使场景显得更加具有多形式感,尤其例如花朵、石头等常见物体的去底图像,运用到版式设计中给人真实的视觉感受。需要注意的是,需要保证物体图像的完整性,被裁剪的残缺图像容易给人造成不舒服的感觉,见图111。

2)标点符号的应用。标点符号不仅仅只能作为对文字段落的分割,还可以运用到版式设计中作为装点版式的元素来使用。例如将引号放大,放置在文章的开头处,即使装饰也能够引导读者的视线;对于信息繁杂的版式,也可以运用造型优美的括号进行放大处理,形成对信息的归类,同时也强化了版式的形式感,见图112~图113。

3)插画的应用。除了作为版式配图,也可以作为装点版式的小元素来

使用,尽量以自然形为主。由于占据的面积较小,插画元素最好以较为简单的造型为主,过于复杂的图案难以展示细节,并且可能会造成识别上的困难,见图114。

4)矢量图形的应用。点、线、面可以是构成版式的主要元素,也可以成为装饰版式的点睛之笔。点除了装饰,还可以对重点内容形成提示效果;线可以构成主体的边框,也可以对信息进行归类、划分、引导;面与点的作用比较类似,主要用于对重要内容的衬托,见图115。

图111_去底图片在版式中的应用

图112_符号元素在版式中的应用

图113_标点符号在版式中的应用

图114_插画元素在版式中的应用

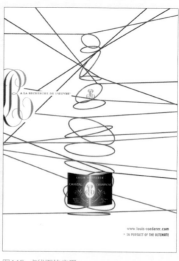

图115_点线面的应用

# 教学实例

## 不同的版式编排类型与视觉引导方式会产生不同的版式视觉效果

通过对版式设计的版式视觉空间的构成元素和版式的视觉流程以及排版类型的学习，大家对版式设计有了更深层次的了解。下面根据餐饮杂志版式与书籍内页版式设计中的版式编排类型与视觉流程安排，分析版式所产生的视觉效果。

### 实例 1 餐饮杂志版式

每个版式中图片与文字的编排形式不一样，所构成的版式结构与版式形式也会有所不同，根据版式设计的不同类型，分析版式的视觉效果。图116~ 图117 是一张餐饮杂志的单页版式，该版式运用出血的编排形式，使版式显得真实，能有效地吸引消费者的注意。从版式编排类型来看，该杂志版式运用的是满版型的编排形式，使版式具有活跃性，给人强烈的视觉感受。

相对于满版型版式结构，在编排图片的时候可以采用将图片缩小比例的方法编排，使版式具有稳定性。在图 118~ 图 119 中，该版式将主体图片缩小，编排在版式中，体现出品质感。文字编排在图片的上方，具有传达信息的作用。

在图 120~ 图 121 中，采用图片为版式背景，文字重叠编排在图片上，使版式具有强烈的空间感。文字倾斜地编排在版式中，使整个版式在视觉上给人倾斜的视觉效果，因此该版式属于倾斜型版式。文字与图片间具有明确的色彩区分，并不影响整个版式的视觉传达，给人强烈的视觉感受。

图116_餐饮杂志版式（1）

图117_杂志版式示意图（1）

▲ 满版型版式更具活跃感，运用图片增添版式吸引力，使版式具有生气。

图118_餐饮杂志版式（2）

图119_杂志版式示意图（2）

▲ 缩小版式图片的大小比例，使版式具有稳定性，相对于满版型版式更具有品质感。

图120_餐饮杂志版式（3）

图121_杂志版式示意图（3）

▲ 倾斜型版式设计给人强烈的视觉冲击力，吸引人们的注意。

## 实例 2 书籍内页版式

　　根据书籍版式中视觉重心的位置,分析版式所产生的视觉效果。视觉重心是设计师将主要信息或视觉流程的停留点安排的最佳视域,可以使主题一目了然。在版式中,不同视域的瞩目程度不同,给人们留下的心理感受也不同。视觉重心的位置是可以随意变化的,根据不同的版式需要,适当地调整视觉重心,能更好地完成信息的传达。在图 122~ 图 123 中,图片编排在版式的上部,具有强烈的视觉效果,文字编排在图片的下方,具有说明的作用。在一个版式中,图片更能吸引人们的注意,人们在阅读此版式时,首先第一眼看到的就是版式的上部。因此,该版式的视觉重心设置在上部,给人轻松、愉快之感。

　　在版式设计中,版式的视觉重心的位置具有稳定版式和引导人们阅读的作用。通常,版式的上部比下部更引人注目,左侧比右侧的注目性更高,在版式中采用不同的视觉重心位置,可以使版式具有不同的视觉效果。图124~ 图 125 版式的视觉重心在右下,使整个版式具有拘束、稳定之感。文字采用竖向编排的形式传达信息,体现了版式严肃的视觉效果,给人整齐、紧凑之感,使版式具有稳定性。但该页面主要传达的是与时尚女性相关的知识,要求版式具有一定的活跃感,过于拘束、严谨的版式不能很好地传达信息。在图 126 ～图 127 中,将图片编排在版式的左侧,给人舒展、轻便、自由的感觉,符合版式的主题。因此,根据版式的主题,选择视觉重心的编排位置是非常重要的。

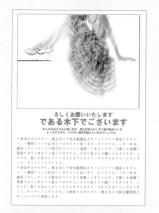

图122_书籍内页版式(1)

图123_书籍内页版式示意图(1)

▲ 灰色部分表示版式中视觉重心的位置,该版式给人轻松、愉快之感。

图124_书籍内页版式(2)

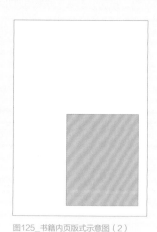

图125_书籍内页版式示意图(2)

▲ 灰色部分表示视觉重心的位置,该版式给人稳重、拘束的视觉感受。

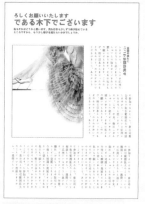

图126_书籍内页版式(3)

图127_书籍内页版式示意图(3)

▲ 灰色部分表示视觉重心的位置,该版式给人自由、轻便的视觉感受。

# 课后练习

1. 通过对版式类型和视觉流程的学习，应用所学知识及原理，以招贴设计为主要信息载体，进行点、线、面的编排练习。在编排过程中要注意点、线、面的合理搭配，见图128～图129。

## 创意思路

根据主题归纳分析结果，运用版式设计的视觉传达要素和基本排版类型等基本原理，进行版式设计，要求主题表现突出，体现点、线、面的合理搭配，视觉传达效果突出。

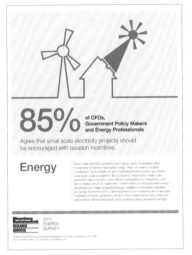

图128_线构成的版式

图129_点线面结合的版式

2. 通过对版式排列方式和视觉流程的了解，对版式上的元素进行编排设计，要求体现版式设计排列方式和视觉流程，见图130～图131。

## 创意思路

将所学的版式设计的知识运用到实际版式中。在编排过程中，首先要确立编排的内容和主题；然后对主题进行分析并确立目标；最后进行版式设计。版式可以采用对比、平衡、满版、倾斜等各种表现形式，可以是单向、反复、散点等视觉流程。根据版式的排列来了解学习过程中的不足之处。

图130_满版型版式（1）

图131_满版型版式（2）

图132_对比型版式

# CHAPTER

## 文字与图形的版式构成

本章主要对版式设计中文字的编排、图片与图形的编排、图片的编排技巧进行介绍。通过本章节的学习，帮助读者认识版式构成中的文字与图形，掌握它们的编排规律。

**▌课题概述**

本章主要介绍版式设计中字体与图形的编排，通过对版式设计中文字、图形和图片编排的学习，深入了解文字、图形和图片在具体版式中的具体表现与运用。

**▌教学目标**

文字与图形是版式设计的主要设计元素，通过对文字的编排以及图片与图形的编排的学习，了解其主要表现形式，在实际版式设计中熟练运用。

**▌章节重点**

了解文字与图形在编排过程中的具体表现以及不同的编排方式在版式中的不同视觉效果。

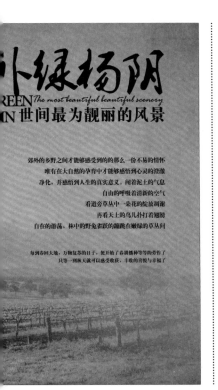

## 3.1 文字的编排

在版式设计中,文字编排占有相当重要的地位。文字编排就是通过不同的字体类别、文字的排列与组合,将文字的传播功能与审美相结合,从而增强广告文字的视觉传达效果,提高诉求力。文字是版式设计中最直接、迅速的信息载体。

文字是版式设计中的重要构成元素,是人们交流和传达信息的主要手段。在版式设计中文字是信息的主体。

### 3.1.1 字体样式和风格

文字在版式设计中是重要的视觉传递元素,文字的字体样式不同,所呈现的版式风格也有所差异。从传达信息的角度来看,文字可分为标题、副标题、正文、附文等。设计师必须

根据文字内容的主次关系,采用合理的视觉流程进行编排,吸引大众目光。字体指的是文字的风格样式,也可以理解为文字的一种图形表达方式。不同的字体代表着不同的风格,根据不同的版式需求选择不同的字体,最主要的是要与整体版式文字内容相协调,见图1。

中文文字中,黑体简洁明了,是粗细一致的字体结构,可随意调整。黑体具有多重适应性,是现代设计中最大众化的字体之一。在字体设计时可以去掉两端的结构,使字形更简洁,形成一种现代流行的字体形态,让字以形的方式在版式中展现,见图2。

传统书法字体与现代字体有内在的呼应,给人现代与传统、民族与国际的和谐感,符合现代审美,能准确地传递信息,见图3。

宋体给人大方、典雅、朴实的感觉,

在版式设计中,宋体的编排最为自如,无论是标题还是正文,都给人精致独特的感觉,见图4。

图2_黑体的编排

图3_书法体的编排

图4_宋体的编排

图1_字体的样式
▲ 艺术字体一般用于标题编排以及版式重点描述的部分,体现风格性。印刷字体一般用于正文的编排,体现文字的整齐性。

版式设计中，字体样式和风格的变化影响着整个版式的视觉效果。因此字体设计成为版式设计中一个不可缺少的步骤。从简单的单字设计开始入手，能够训练我们运用多种手段进行字体样式变化的能力。

图 5 是一张女性时尚杂志版式，在该版式中，红色线框中的标题文字字号较大，显得比较突出，在版式中具有图形化的意义。这种根据版式的需要，选择变化的字体形态与版式协调，在信息传达的同时保留字体外在的形态美的应用情况是非常常见的。蓝色线框中的文本文字，主要以传达信息为主，在编排这样的文字时，要注意字体的选择，以整齐的形式进行编排，不要选择过于花哨的字体样式与色彩样式，以免造成阅读时的困扰。

字体在版式中可以根据版式的主要传达内容而不断变化，一般较正式的版式在编排文字时不会太强调文字的字体变化，而是以一种规整严肃的字体形式编排在版式中，给人稳定、可信赖的心理感受，见图 6~ 图 7。图 7 是一张企业杂志版式，根据对企业形象与文化的了解，在版式编排上尽量达到整齐稳定的文字编排效果，能更好地传达企业形象。

但是，在一些具有宣传性的传单、活动介绍、招贴设计、封面设计等版式中，则要求文字尽可能地跳跃，在众多信息中脱颖而出，体现出版式活跃的视觉效果。图 8 是一张活动促销DM 单版式，在该版式中采用变化多样的字体形态，使版式具有活跃感，体现出活动的喜悦感。在招贴设计中，文字的编排形式要新颖有创意，具有强烈的视觉冲击力，以吸引人们注意，具有优美的形式感，见图 9~ 图 10。

图5_时尚杂志版式

图6_家居杂志版式

图9_招贴设计版式

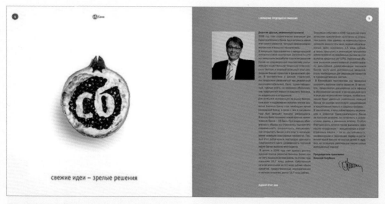

图7_企业杂志版式

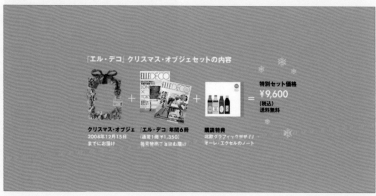

图8_DM单版式

图10_妇女杂志版式

### 3.1.2 多语言文字混排设计

文字相当于画面的线条，在中英文混排设计中，英文字体要同中文字体相匹配。中文和英文在字体与形态上有很大不同。英文字母的字形笔画简练，主要为三角形（A、V）、方形（H、E）、圆形（O、Q）等几何形态，其结构与汉字多有相似，见图11~图12。

图12中运用书法字体崇尚自然美的审美观，追求草书的艺术特点，整体版式中的文字给人自然流畅、刚柔并济、古雅庄重的感觉。这种文字的排列使整体版式更加自由和随意，适合于版式情感的流露，具有鲜明的风格特征。

根据英文字母的外形变化，在版式编排设计时可以发现，英文字母具有强烈的图形效果，不同的字体在视觉上给人不同的视觉印象。

如今很多版式都采用了中英文的混排，只要选择能互相匹配的字体，画面就会非常和谐。如图13中，版式中利用古香古色的中国式背景，搭配飘逸的书法字体与作为说明式的英文字体进行混排，使版式刚柔相间、庄重典雅。

在一个版式上，不管有多少信息，最好控制在两种或者三种字体内。在控制三种字体时，最好采用标题吸引眼球，其他两种字体排列简洁、整齐、方便阅读，切勿三种字体同时都很抢眼，那样会让版式看起来很杂乱，见图14~图15。

图11_英文字

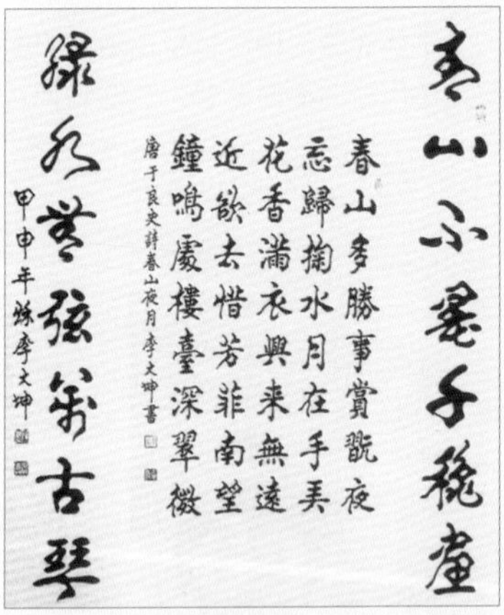

图12_汉字

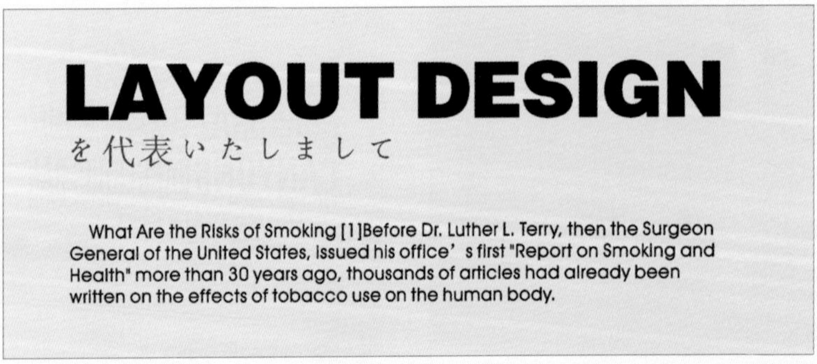

图14_英文和日文混排

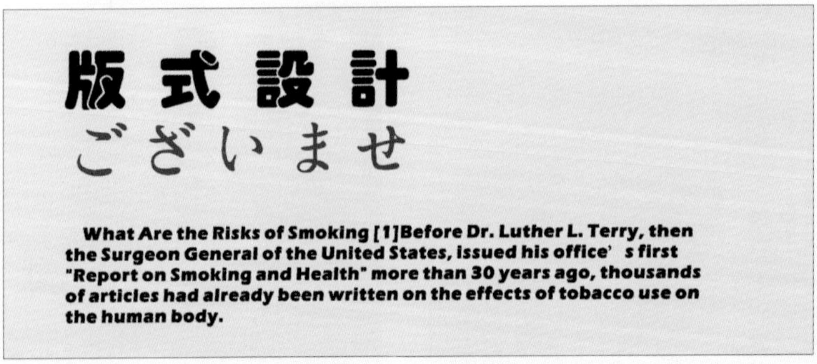

图15_中文、英文和日文混排

▲ 图14版式中，采用英文和日文混排，大小层次清晰，便于阅读。图15采用了中文、日文和英文三种文字混排，大小比例没有掌握好，使该版式显得混乱。

图13_中英文混排

由于文化发展及历史背景的不同，各国有着各不相同的文字，这些文字大体可以分为两类：一类是字形基本相同，每个字都有独立意义的方块字，包括汉字、日语、韩语等，汉字是其中最具代表性的文字；另一类是字母本身无意义，要依靠字母的组合构成词，包括英文、法文、俄罗斯文等，其中英文最具代表性。

根据字体风格的不同，在选择字体的时候要尽量达到和谐与包容，不同字体之间既要有区别又要相互协调。字体间的选择搭配有其自身规律，主要目的在于在传递信息的同时保证画面的协调性。下面简单介绍一下在版式设计中，中英文字体的特点以及编排手法。

（1）英文字体编排

在版式设计中，英文以流线型的方式存在，能很好地改善画面僵硬、呆板的效果，使画面更生动，视觉上更流畅。英文在版式上可以以曲线形式出现，也可以以直线形式出现，在版式中起着丰富版式与传达信息的作用。英文文字的篇幅比相同内容的中文文字的篇幅要长，因此，英文本身更容易形成一个主体，而且英文每个单词的字母都不一样，在版式上会出现不规则的错落现象，使版式更具动态感。

如图16~图19，英文采用不同的表现方式编排在版式中，字体的曲线编排与直线编排，给人流动与刚硬的不同视觉感受。总的来说，英文在版式编排上具有很大的灵活性，能够根据版式的需求变化字体形态，从而达到版式协调的视觉效果。

（2）中文字体编排

中文在版式中主要以字块的形式出现，具有字体的轮廓形。中文每个字占的字符空间都一样，非常规整，在排版时不如英文那样自由灵活，各种限制都很严格，很难出现错落的现象。

比如，中文的每段开头空两格；标点不能落在行首；标点占用一个完整字符空间；竖排时必须从右向左，横排时从左向右等等，这些规则都将为编排汉字提高了难度，见图20~图21。

图19_英文字体编排

图16_英文的曲线形版式

▲图16中，英文以曲线形式编排在版式上，使整个版式视觉效果柔美、流畅，具有音乐的节奏感。

图18_英文杂志封面

图17_英文的直线形版式

▲图17中，英文以直线形式编排在版式上，具有规整、刚硬的视觉效果。

图20_中文的块状编排

▲中文属于较规则的字体形态，在版式编排中，常以字块的形式出现在版式中，具有明确的字体外形轮廓。

图21_中文的错落编排

（3）中英文混排

文化大融合已成为当今不可阻挡的设计潮流趋势，东西文化的不断靠近成为当今设计界的一大进步。在版式设计中，将汉字与英文综合设计，便是这种文化现象的产物。中文字体具有象形、会意、表音三位一体的优势，英文字体具有简洁、规范、图形化、线条感等特征。中文字体与英文字体的综合设计，目的是充分体现出这两种字体结合的优势，见图22～图27。

1）中英文混排版式中文字的主次关系。在中英文混排的版式中，应该注意中文字体与英文字体的设计创意与主次关系，在版式中应有明确的层次感，避免故意扭曲文字以适合某种形态的现象。

2）中英文混排版式中字体与字号的设定。在版式编排中，中、英文字体的样式不同，给人的视觉效果也有所不同。人们在阅读的时候，通常把字体样式相同的文字看成是一个整体，因此，在中英文混排的时候，要注意版式中字体的统一性，在段落文字中，中文采用什么样的字体，英文采用什么字体，都必须统一编排。两种文字的编排增添了版式丰富多样的特征，但是如果再不断变化字体，则会造成版式过于杂乱。

图28是一张房产DM单版式设计，英文以翻译的形式作为说明性文字编排在中文下方，方便外籍人士阅读。版式中的中文采用统一的字体编排，英文也采用统一的字体编排，版式显得整齐、不杂乱。

图22_中英文混排标题（1）

图23_中英文混排标题（2）

图24_中英文混排标题（3）

▲ 在中英文混排的版式中，注意文字的主次关系。如图22是以中文为主的标题文字，图23是以英文为主的标题文字，千万不能编排成图24的版式，没有主次感，版式没有跳跃率。

图25_中英文混排（1）

图26_中英文混排（2）

图27_中英文混排（3）

图28_DM单版式设计

3）中英文混排版式中字符间的空格设定。在中英文混排的版式中，如果不进行一些适当调整，强制性地将两者编排在一起，就会造成两种文字间的距离显得不太一致，这是由于字符的宽度设计是以一个英文字符的宽度为基础的。因此在编排的时候，可以将中文与英文单词之间空出四分之一个字符的位置。这种处理方式不仅仅适合于横向排版，也适合于纵向排版，但是，在编排英文文字时，不能将英文单词的词与词之间空出三分之一个字符，也不能将一个英文单词的字母拆开换行编排，见图29~图30。

4）中英文混排需要统一字号和位置的基准线。中文文字基本上是以正方形方框为标准设计的，字与字的长宽相等。因此，在编排英文文字时，

会因为字体形态的差异而使行长发生变化。从文字的横向边线来看，中文字体是以假想的正方形的中央为标准对齐的，而英文字体则是以位置基准线为标准对齐的，见图31。

在图32中，最后一行将中文设置为黑体，英文设置为Times New Roman字体，设置成相同大小的字号。由于中、英文字体所占面积不一样，英文字体明显比中文字体小得多，版式显得不协调。因此在中、英文混排时，不能只是简单地将文字编排在一起，而是要对版式进行一定的调整。

图33中，将海报中的中英文进行混排，使版式显得整体、简练。图34中，应用中英文混排方式，使版式文字更加丰富，更具实用性。

文学 Style 就是作家创作个性与具体话语情境造成的相对稳定的整体话语特色。文学风格是主体与对象、内容与形式的特定融合，是一个作家创作趋于成熟、其作品达到较高艺术造诣的标志。作家作品风格是文学风格的核心和基础，但也包括时代风格、民族风格、地域风格、流派风格等内涵。

图29_中文中含英文词

文学 Style 就是作家创作个性与具体话语情境造成的相对稳定的整体话语特色。文学风格是主体与对象、内容与形式的特定融合，是一个作家创作趋于成熟、其作品达到较高艺术造诣的标志。作家作品风格是文学风格的核心和基础，但也包括时代风格、民族风格、地域风格、流派风格等内涵。

图30_中文中含英文词

图33_中英文混排的海报设计

# abcdefghajkznagsmy

图31_位置基准线

## 时尚流行生活Life trend

▲ 简单地组合容易造成文字的大小及对齐都不协调。

## 时 尚 流 行 生 活Life trend

▲ 只对英文字体进行放大，使之与中文相协调。

## 时 尚 流 行 生 活Life trend

▲ 调整文字的位置基准线，对文字进行调整，使之相互对齐。

## 时尚流行生活 Life trend

▲ 除特殊意图的情况下，文字间的字体粗细对比过于明显，版式显得不自然。

图32_中英文混排

图34_中英文混排招贴设计

### 3.1.3 字体磅值、字距与行距的设置

文字最主要也是最基本的作用就是传播信息，文字编排要服从表达主题的要求，符合人们的阅读习惯，方便阅读。因此掌握字体的字距与行距是非常重要的。

字体的磅值是指从笔划最顶至最底端的距离，其主要作用是区分不同字体信息，使整段文字形成一种具有逻辑性与组织性的视觉效果。一篇文章的大标题一般采用最大磅值或者最粗的字体来表现它的重要性，然后根据阅读需要依次缩小字体的磅值，从而实现方便阅读的视觉效果，见图35。

设置字距与行距不仅可以方便阅读，而且可以表现设计师的设计风格。

在处理字体的字距与行距时，首先要方便阅读，其次可以表现设计师的设计风格，再以阅读心理学为前提合理编排文字。一个版式中字体的字距与行距的规范也直接反映出该设计师的素质，比如有的设计师故意将字距与行距交叉编排，形成一种特殊的表现方式。所以，文字在编排上是需要灵活安排的，这样才能更深层次利用字距与行距表达思想，见图36~图37。

文字编排的疏密直接影响着阅读者的心情与阅读速度，所以掌握文字的疏密是很重要的，结合点、线、面的知识，可以把单个文字看为点，文字有秩序、有规律的编排形成线的视觉流向，可以达到良好的阅读效果，见图38~图39。

紧凑间距

正常间距

宽松间距

图37_字距举例表现（2）

图35_字体磅值举例表现

| 字号 | 磅值 | 字号 | 磅值 |
|------|------|------|------|
| 八号 | 5 | 小三 | 15 |
| 七号 | 5.5 | 三号 | 16 |
| 小六 | 6.5 | 小二 | 18 |
| 六号 | 7.5 | 二号 | 22 |
| 小五 | 9 | 小一 | 24 |
| 五号 | 10.5 | 一号 | 26 |
| 小四 | 12 | 小初 | 36 |
| 四号 | 14 | 初号 | 42 |

图35_字体磅值举例表现

▲ 字母间距影响单词间距的大小，分别表现为紧凑、正常与宽松。

图38_杂志内页文字设计

正常行距　　　宽松行距　　　紧凑行距

图36_行距举例表现（1）

图39_广告版式文字设计

### 3.1.4 文字的排列

文字排列的方式决定阅读的效果，可以根据设计的需要安排文字的规整程度。可以把文字排列成线条或者面的形式，甚至组合成一个具体的形态，使文字成为版式的一部分，使整个版式元素融洽统一，成为别具一格的版式设计。文字在编排的过程中可以进行创意设计，可以把文字编排为具体的图形，也可以是抽象的图形。总的来说，文字的编排方式多种多样，关键在于怎么把握文字与图片的关系，使之达到互相融洽的效果，使信息得到传达。文字的排列可分为以下几种。

（1）左右均齐

文字从右端到左端的长度统一，文字组合形成统一长度的直线，使文字段显得端正、严谨、美观，见图40~图42。在编排的过程中应注意对齐两端连字符号的处理。左右均齐的版式可分为横向排列与纵向排列两种。

1）横向排列。横向左右均齐的字体排列方式在书籍、报刊、杂志中最为常见，见图43。

2）纵向排列。在大多数传统书籍中，纵向版式编排的文字给人“上下均齐”的视觉效果，见图44。

（2）齐中

以中心线为轴心，两边的文字字距相等。其主要特点是使视线更集中，整体性加强，更能突出中心。文字齐中排列不太适合编排正文，但是十分适合编排标题。齐中对齐使整个版式简洁、大方，给人高格调的视觉感受。图45是一张招贴设计版式，文字采用齐中的编排形式，在版式中具有简洁、强烈的视觉效果。

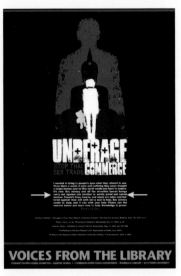

图43_左右均齐横向排列

第12章 ビジネス電話と伝言

ようこそいらっしゃいました。自己紹介させていただきます。わたしは対外貿易公司（コンス／こうし）の総経理である張と申すものでございます。はじめまして、どうぞよろしくお願いいたします。

こちらこそ。はじめまして。日本桜商事の社長である木下でございます。わたしの名刺です。どうぞよろしくお願いいたします。どうも。を代表いたしまして，皆様のご来訪を心から歓迎いたします。どうもありがとうございます。今日は張総経理にお会いできまして，まことに光栄に存じます。木下社長とは今回はじめてお目にかかりますが，社長さんようこそいらっしゃいました。自己紹介させていただきます。わたしは対外貿易公司（コンス／こうし）の総経理である張と申すものでございます。はじめまして、どうぞよろしくお願いいたします。

こちらこそ。はじめまして。日本桜商事の社長である木下でございます。わたしの名刺で

ようこそいらっしゃいました。自己紹介させていただきます。わたしは対外貿易公司（コンス／こうし）の総経理である張と申すものでございます。はじめまして、どうぞよろしくお願いいたします。

こちらこそ。はじめまして。日本桜商事の社長である木下でございます。わたしの名刺です。どうぞよろしくお願いいたします。どうも。を代表いたしまして，皆様のご来訪を心から歓迎いたします。どうもありがとうございます。今日は張総経理にお会いできまして，まことに光栄に存じます。木下社長とは今回はじめてお目にかかりますが，社長さんようこそいらっしゃいました。自己紹介させていただきます。わたしは対外貿易公司（コンス／こうし）の総経理である張と申すものでございます。はじめまして、どうぞよろしくお願いいたします。

こちらこそ。はじめまして。日本桜商事の社長である木下でございます。わたしの名刺で

图44_左右均齐纵向排列

Mountaineering
登山运动

随着登山运动的发展和科学技术水平的不断进步，登山运动装备的质量和性能也在不断得到改善，这对提高登山运动的水平时非常必要的。例如，法国第一次登山时所用的一根主绳的重量可达20公斤，其它登山设备也都很笨重，那时他们的登山高度仅仅达到4000米左右。现在一根主绳的重量仅有1.5公斤，其它装备的重量也大大减轻，而且更加耐用，其保暖、防电性能也大大增加，因而可以保证登山运动员攀登各种高度和难度的山峰。

登山（mountaineering)运动员徒手或使用专门装备，从低海拔地形向高海拔山峰进行攀登的一项体育活动。登山运动可分为登山探险（也称高山探险）、竞技攀登（包括攀岩、攀冰等）和健身性登山。登山设备要适应登山运动的环境条件，在设计、选材、用料、制作上要尽量使其轻便、坚固、高效，并能一物多用。经常出外进行登山野营活动对人体有很大的好处，从医学角度来说，它对人的视力、心肺功能、四肢协调能力、体内多余脂肪的消耗、延缓人体衰老等五个方面有直接的益处。

登山运动是体育运动的一类。运动员徒手或使用专门装备攀登各种不同地形的山峰或山岭。可分为"金字塔形兵站式登山、阿尔卑斯式登山和技术登山等数种。始于十八世纪八十年代。石匠巴尔玛结伴第一次登山上阿尔卑斯山的最高峰勃朗峰因此项运动首先从阿尔卑斯山区开始，故也称为“阿尔卑斯运动”。国际登山史上称此一时期为“阿尔卑斯的黄金时代”。十九世纪八十年代以后，使用各种攀登工具和技术的技术登山日渐推广，其活动地区也从阿尔卑斯低山区转向喜马拉雅高山区。

如果将攀登的山比较高或者平时较少参加攀登运动，那么，在登山之前做一些热身运动是很必要的。即利用10—20分钟做一些肌肉伸展运动，尽量放松全身肌肉，这样攀登时会觉得轻松许多。

登山时不要总往高处看，尤其是登山之初，因为你的双腿还没有习惯攀登动作，往上看往往使人产生一种疲惫感。一般说，向上攀登时，目光保留在自己前方三五米处最好。

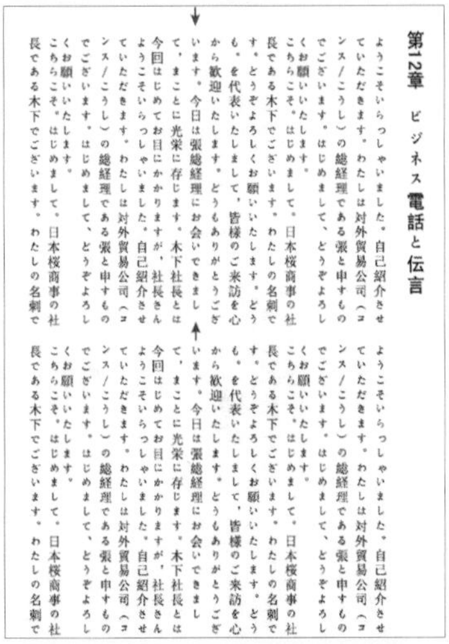

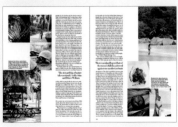

图40_杂志内页文字设计（1）

图41_杂志内页文字设计（2）

图42_家居杂志内页设计

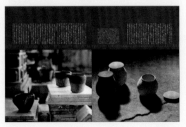

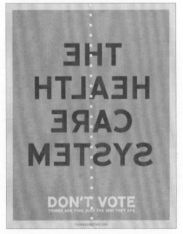

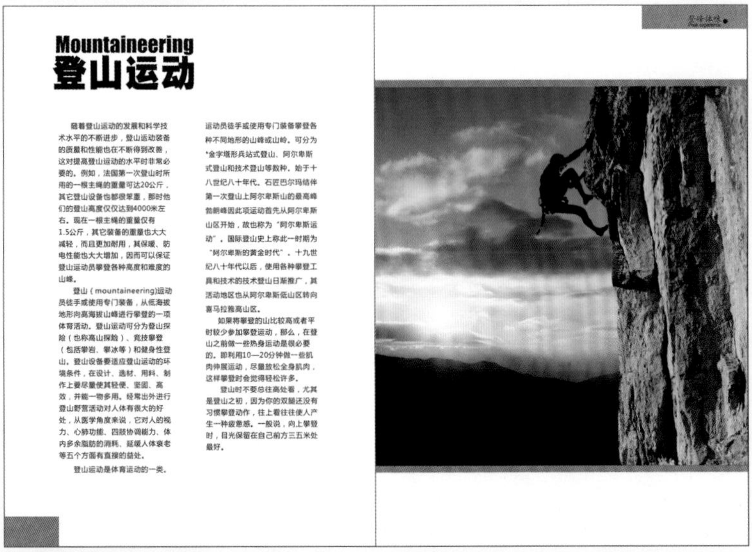

图45_齐中

（3）齐右或齐左

左对齐与右对齐的排列方式，空间性较强，使得整个文字段能够自由呼吸，具有节奏感。齐右或齐左在行首都会有一条明确的垂直线，在与图形搭配的情况下会更协调。齐左是阅读中最常见的排列方式，符合人们阅读时的视觉习惯，齐右在版式中不常见，使版式具有新颖的视觉效果，见图46~图47。

（4）倾斜

倾斜就是将文字段整体或变化局部排列成倾斜状，构成非对称的画面平衡形式，使版式具有动感、方向感与节奏感，具有强烈的视觉效果。一般用于招贴设计版式，见图48。

（5）渐变

文字在编排过程中由大到小、由远到近、由暗到明、由冷到暖地有节奏、有规律的变化过程就叫渐变。渐变的快慢程度可以按照主题的要求进行调整，具有强烈的空间感，见图49。

（6）重复

相同的文字在版式中反复出现，形成有规律的节奏，主要作用为加深印象，便于记忆。在版式中运用重复的编排方式，可以增添版式的趣味性，见图50。

（7）沿形

沿形就是将文字围绕着图形排列，让文字随着图形的轮廓起伏，时而紧张、时而平缓，具有明确的节奏感与画面的美感。沿形的排列方式表现了新颖的视觉效果，使阅读更别致，见图51。

（8）突变

在一组整体有规律的文字群中，个别单词出现异常变化，但是没有破坏整体效果，这就被称为突变。这种打破规律的局部突变，给版式增添了动感，突变的文字也具有了新的内涵，并达到吸引人们注意的视觉效果，具有强烈的视觉冲击力，见图52。

图50_重复

图51_沿形

图46_齐右　　　　　　　　　　　　　图47_齐左

图48_文字倾斜

图49_渐变

图52_突变

### 3.1.5 文字应用的技巧与方法

文字在版式上起点的作用，具有简洁、突出的特性，它是编排设计中的基本要素，起着平衡画面、强调重点、增加版式跳跃率的作用。没有文字的版式很难达到画面平衡与广告宣传的效果。

文字在编排过程中，主要通过文字的色彩、形状来表现对比与空间的视觉效果。不同国家的文字有不一样的形状，给人的视觉感受也不一样。文字的色调不同，所展现的空间层次与画面的意境也不同。利用文字的这些特性，在版式上营造空间感，具备强烈的视觉效果。文字的编排主要分为横排与竖排两种形式。横排指文字左右排列，竖排则指由上而下排列。文字没有固定的编排方向，横排、竖排，甚至混排均可。混排是比较少见

的现象，是文字编排的一种特色，见图53~图54。

下面来了解一下文字在版式设计编排过程中的技巧和方法。

（1）文字对比的编排方法

文字编排在版式上，其大小、形态的不同会形成对比，对比能使画面更生动，更具有节奏感。比如正标题与副标题之间的大小关系就是一种对比，方形文字与圆形文字之间也是一种对比，见图55~图57。

没有对比的版式没有生气，阅读起来也比较困难。文字大小的对比决定整个版式的活跃度。提高活跃度，版式就更有生气，给人健康、愉悦的印象；降低活跃度，就给人高品质、高格调的印象。文字字号大，体现出刚硬、上进的感觉；文字字号小，体现出高品质的感觉。

图53_招贴设计

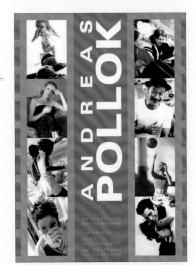

图54_杂志封面

图57_杂志版式

（图中示例文字）
版式设计 Layout design
版式设计 Layout design
版式设计 Layout design
版式设计 Layout design
版式设计 Layout design

图55_文字对比

▲ 相同文字大小，字体粗细的对比。英文字体的改变，使文字具有曲线变化。

图56_杂志内页

（2）文字运用留白的编排方法

在文字的四周适当留有空白，能使读者阅读时感到舒适。同时也给画面增添了空间感与品质感，起到强调主题的作用。很多版式设计师不接受"留白"，认为"留白"会使版式显得很空，其实相反，留白使画面具有一定的节奏感和韵律感，张弛有度。适当的"留白"，可以使版式具有自己的风格，见图58~图59。

（3）文字在版式四角的处理方法

文字排列在版式的四周，不但不会破坏整个画面的协调感，还会使画面整体平衡，给人稳定、可信赖的感觉，见图60。

（4）文字在版式中的立体状编排方法

文字的立体表现要以文字的基本结构为依据，其组成部分的结构框架为最基本的点、横、竖等笔划组合，其单一笔划在三维空间为几何体，可在三维空间发生扭曲等变化。三维立体文字为一种立体的几何复合体文字，见图61。

（5）文字在图片信息较多的版式的编排方法

图片多的版式更具有生气，在版式中，图片越多越要注意其排列关系。但是只有图片，没有文字的版式会显得空洞，稍加一些文字在版式上，可以缓和气氛，使交流变得流畅，更增添了版式的活力，见图62~图63。

（6）文字在图片信息较少的版式中的编排方法

图片少的版式给人稳定的视觉效果。文字的排列一般采用较规则的排列方式，使版式形成一种严肃、稳定的视觉效果，给人一种高品质的感觉，见图64。

图62_杂志版式（1）

图58_招贴设计（1）

图60_招贴设计（3）

图63_杂志版式（2）

图59_招贴设计（2）

图61_招贴设计（4）

图64_杂志版式（3）

（7）文字在版式中起强调作用的编排方法

图65是一张招贴设计，整个版式以具象的手掌为主体，没有特殊意义，然而以文字组成手指后，文字就成了整个版式的重点，传达了信息，在版式中起到了强调画面的作用。

（8）文字具有动感的处理方法

在版式设计中，文字可以以任何形式出现，可以是阅读性文字也可以是非阅读性文字；可以排列很整齐也可以排列得很自由；可以是抽象的，也可以是具象的。文字可以充当画面中的点、线，使版式具有动感与节奏。图66中，文字以点的形式出现在版式上，加上模糊的处理效果，使得整个版式文字具有强烈的动感。

（9）文字方向性的处理方法

文字在排列过程中，按照一定的

规律，根据版式的需要进行有目的、有方向的排列，引导读者阅读的视觉效果，使版式视觉更流畅，见图67。

（10）文字的方格形编排方法

在编排过程中，采用网格约束的方法，可以使整个画面工整、规则地排列。方格形文字排列版式简洁、统一，给人稳定、可信赖的心理感受。但是，方格形排列很容易使画面呆板，没有生气，见图68~图69。

（11）文字的自由编排

在编排过程中，采用无网格的排列，根据设计师的爱好将文字排列在版式上。整个版式具有活泼、自由、无拘束的视觉效果。自由编排方式更能表现出设计师的创意与风格，版式具有强烈的视觉效果，常用于招贴设计等，见图70。

图67_文字的方向性表现

图65_文字的强调作用

图66_文字动感的表现

图68_文字的方格形排列（1）

图69_文字的方格形排列（2）

图70_文字的自由排列

## 3.2 图片与图形的编排

图形来源于人们对事物的认识，能让人们联想到事物的各种特性，具有信息传达直接、给人留下深刻印象等特征。从视觉角度看，图形与图片更容易吸引人们的注意，其接受程度广泛，传递信息方便，是一种更直接、更形象、更快速的传递方式，是现代社会传递信息的主要表现形式。因此，学习图形与图片的编排是很重要的。下面我们了解一下图形与图片在版式设计中的具体表现形式。

### 3.2.1 图形的比例和分布

图形在版式设计中占主要地位，因为其能够更直观、准确地传达信息，

表现设计主题。通过图形的比例和分布，使画面具有视觉的起伏感和极强的视觉冲击力，吸引读者的注意，更好地传达信息。

图形的比例与分布影响着整个画面的跳跃率。所谓跳跃率，就是画面中最小面积的图形与最大面积的图形之间的比率。图形之间的比例大小不仅在于图形本身的大小，还包括图形本身所含信息量的大小。比例越小越显得画面稳定与安静；比例越大则表现出画面的强烈视觉冲击效果。图片根据版式的需要分布在版式中，应该注意图片与图片间的关系，见图71~图72。

图片在版式中的编排影响版式的视觉效果，有些图片由于在版式中分布得过于杂乱，版式也会显得杂乱无

章。统一图片分布，可以使版式显得整齐，见图73~图77。

图71_图形的比例（1）

图72_图形的比例（2）

**图形的比例**

▲ 图71中，图形大小对比强烈，版式的跳跃率较大，使版式具有活力。图72中，图片大小一样，给人平衡、稳定的视觉效果，表现出高品质的感觉。

**图形的分布**

◀图73和图74两张版式所表述的意思是一样的，但是在图73中，两张图片距离较远，很难看出图片与文字说明的关系。图74中，两张图片在一条线上，拉近了文字与图片的距离，可以清楚地告诉读者文字传达的信息。

图73_图形的分布（1）

图74_图形的分布（2）

图75_图形的分布（3）

图76_图形的分布（4）

◀图75在多张图片编排时，没有统一的外框边线，版式显得凌乱。图76中，统一下对齐图片，使版式具有一定的规律性。

图77_图形的分布（5）

◀在图77中，统一图片的大小以及对齐方式，使三张图片形成一条直线，在版式上更具有视觉冲击力。

### 3.2.2 图形形状的应用

在版式设计中，图形的不同形状可以改变整个画面的节奏与情感。图形可以是方形的，也可以是自由形的。根据版式的需求决定需要排列的图形的形状，使信息传递更方便、快速。方形使画面更稳定，一般用于网格式版式，增强了画面理性、男性的感觉；自由形可以是任何形状，比如圆形、植物的外形、抽象形态等，表现出一种活跃的画面气氛。

在排版设计中，还应注意文字与图形的关系。对于四边形图形来讲，文字编排与图形保持一定距离，使文字与图形整齐地编排在版式上。编排自由形图形的时候，如果也采用四边形的编排方式就会造成版式拥挤，见图78~图79。

### 3.2.3 图片的应用和排列

图片是能带给版式生命的重要构成元素，无论是整个版式的重要点还是次要点，图片在传达和交流信息中都起着很关键的作用，在视觉表现上也是个很重要的因素。

图片在版式设计中占有很大的比重，具有强烈的视觉冲击力。当今世界是一个"读图时代"，图片能具体而直接地传递信息，人们更愿意通过视觉阅读图片，而不是用逻辑思维阅读文字。

图片可以以多种方式被运用到版式设计当中，下面我们就从图片的位置、面积、数量、组合、方向、关系等方面来了解图片的排列方式。

（1）图片的位置

图片在版式中的位置直接影响到

版式的构图布局，可以使得整个版式主题明确、层次清晰，具有强烈的视觉冲击力，见图80~图83。

图78_四边形图形的编排

图79_自由形图形的编排

▲ 在编排四边形图形与自由形图形时，要注意文字与图形的编排位置，以免造成版式拥挤。

图80_图片的位置关系（1）

图81_图片的位置关系（2）

▲ 以相同的间距排列图片，在视觉上没有突出点，如果将它们之间的距离稍微调一下，人们的视线会自动地移动到左边的图片上。

图82_杂志版式（1）

图83_杂志版式（2）

（2）图片的面积

图片的面积直接影响着整个版式的视觉传达效果。一般把用于传达主要信息的图片放大，其他次要的图片缩小，可以使整个版式结构清晰、主次分明，见图84。

（3）图片的数量

版式中图片数量的多少也直接影响到阅读者的兴趣。如果一个版式上没有一张图片，会使整个版式显得枯燥无趣。添加几张图片就增添了版式的跳跃率，使原本无趣的画面恢复活力，变得生动而富有层次。但是，图片的数量不是随心所欲的，要根据版式需求进行编排设计，见图85~图86。

（4）图片的组合

图片的组合就是把多张图片安排在同一个版式上，在编排的过程中要注意主次安排，其主要形式表现为文字与图片的组合、图片与图片的组合。见图87，该版式中，a利用组合图片来整体展现糕点，与单张呈现图片相比，这种方式给人信息丰富的印象。b采用将其中一张图片放大的形式，使画面产生了变化，无论是横向放大还是纵向放大，都可以增添画面的趣味感。c将每张小图片等距离留白，像这样的画面也可以通过加边框的形式来实现。留白在于给画面整体留出空白，增添了画面的空间感，从而减轻画面的压迫感，各个小画面看上去也更清晰。在图片的组合编排中，如果一张图片与另一张图片出现边框偏移或是超出边框，会严重影响整个画面的视觉效果，见d图，这是版式设计的禁忌。

a

b

图84_图片的面积

**图片的面积**

▲一个版式中可有一张或者几张面积不同的图片，但是如果图片的面积变化过多，会使整个版式显得凌乱。

图85_图片的数量（1）

图86_图片的数量（2）

**图片的数量**

▲版式设计中掌握图片的编排，能更好地实现视觉传达的目的。从这两个版式中可以看出，运用图片的版式显得更具有活力，具有层次感。

c

d

图87_图片的组合

**图片的组合**

▲图a中图片的组合给人信息丰富的印象。图b中放大其中一张图片，保持版式整齐是可行的。图c中图片间留了一点空隙，减少版式压迫感。图d中图片超出边框出现不规则的编排，使版式显得杂乱，这是版式设计中忌讳的排列方式。

（5）图片的方向

图片的方向性主要表现为图片本身的画面元素影响着整个版式的视觉效果。图片的方向可以通过图片上人物的姿势、视线等来获得。所以在选择图片的时候，应该注意到版式的需要，具有方向性的图片如果采用视觉效果向外的编排方式，会给人没有重心的散乱印象，见图88~图89。

（6）图片的上下关系

在编排图片时，还应该注意图片的上下位置关系。关于这一点，在版式设计中也有一些禁忌。比如在处理纵向编排较多的人物图片时，应该特别注意其上下关系，必须考虑到人物的职位与年龄的问题。图90中，将年长的人物头像放在偏上的位置，画面显得合理自然，如果颠倒两者的上下关系，就会显得不礼貌，见图91。

### 3.2.4 图片的去底和特写

图片的去底，简单地说就是去掉图片的背景，使图形独立呈现的一种方式。这种方式能轻松、灵活地运用图像，使画面空间感更强烈，设计范围更广泛。照片大多以矩形的形态展现，难免使画面变得呆板或不和谐。照片去底不仅可以去除多余复杂的背景，而且可以更和谐地与整个版式设计元素相结合，形成和谐的视觉效果。去底后的照片，画面空间感更强，容易达到版式平衡与协调，见图92。

人们在处理照片的时候，经常会裁切照片，使照片的视觉中心突出。一张普通的照片你也许不觉得精彩，但是经过特写拉近并进行合理裁切，就会形成新的画面效果，见图93。

图88_图片的方向（1）

图89_图片的方向（2）
**图片的方向**
▲ 将图片反转，改变其方向，使版式具有一定的趣味性，视觉重心突出。

图92_去底图片

图90_图片的上下关系（1）

图91_图片的上下关系（2）

▲ 在编排企业杂志的时候，通常会遇到类似的问题，很多人常常会忽略到图片的上下关系，而这种关系对于企业本身的公司形象宣传是非常有影响的。

图93_特写图片

### 3.2.5 图片与文字混排

图片与文字是版式中主要的编排元素，通常不会单独出现。在版式设计过程中，注意图片与文字的组合排列方式是非常重要的。在图片与文字的混排过程中，常常会出现一些版式编排的问题，以下介绍几种常见的问题。

（1）注意图片与文字的距离关系

文字说明是与图片内容相关的文字，在版式中与图片的对应必须明确。因此在编排设计时应注意文字与图片间的距离。图94是图片与文字的正确编排方式，文字编排在图片的下面，距离关系明确，具有说明图片的作用，让人一眼就能分辨出画面中的文字属于哪张图片的解释说明。

图95中，文字与图形的间隔距离相同，很难分辨出哪段文字是哪张图

片的信息说明，造成版式混乱，信息含糊。因此在图文混排的版式中，文字与图形间的距离是很重要的。

（2）注意图片与文字的统一

在图片与文字混排的版式中，应注意版式的协调、统一感。文字与图片作为版式中重要的构成元素，其版式的一致性直接影响着整个版式的视觉效果。因此在版式设计中，应将文字与图片的宽度统一起来，减少版式的不协调感。所谓统一，不是将版式中的所有元素都采用同样的编排形式，那样会给读者造成阅读时的疲劳感，在统一中求变化是版式设计的要点。在统一图片与文字的编排过程中，应避免不彻底的处理方式造成的版式散乱，失去美感。

在图96中，前两个版式分别采用了文字上对齐图片上沿与下对齐图片下沿的编排方式，而最后一个版式却

是文字上下均不对齐，整个版式显得没有重心。

在图97中，将图片与文字按上图下文的方式进行排列，文字对图片构成很好的说明图示效果，整个版式清楚又明了。

上

中

下

图96_图片与文字的统一

▲（上）文字与图片沿上边线对齐，整个版式协调统一。

▲（中）文字与图片沿下边线对齐，整个版式协调统一。

▲（下）文字与图片上下没有对齐，版式失去重心。

图94_图文间的距离（1）

图95_图文间的距离（2）

▲在图片与文字编排的时候，要注意两者的距离关系，过于紧密会降低版式空间感，过于疏松会失去两者之间的联系。

图97_广告版式设计

64

（3）注意图片与文字的位置关系

在版式编排的过程中，应注意图片与文字的位置关系，不能破坏文字的可读性。在图 98 中，如果将图片编排在一段文字的中间，就会打断文字的阅读节奏，使整个版式失去连贯性，给读者的阅读顺序造成障碍。可以考虑将图片编排在文字段落的句首或者句尾的位置上，避免打乱版式的阅读流程。可以看出，图片的编排应在不妨碍视线流动的基础上进行，以免造成版式的混乱，给人视觉不流畅的感觉。

（4）注意对图片中文字的处理

在版式中，文字是信息传达的主要元素，在文字与图片的混合编排中，文字往往起着解释说明的作用。但在摄影图片编排的过程中，文字以很少的信息量出现在版式中，像这样的版式应注意文字不能放在图片的重点展示位置上，以免破坏整个版式的视觉效果。此外，在文字与图片的重叠编排中，应注意文字的可识别性，应选用适当的色彩区分文字与图片，以免造成版式混淆，失去文字的识别性特征。

在图 99 中，b 图在字体颜色上选用不当，造成版式中文字信息不够明确，不易辨别，最好采用黑色或者白色作为该图的文字备选颜色，见 a 图。d 图的文字编排在图片的重要表现位置，破坏了整张图片的视觉传达效果，不利于版式信息的传达，c 图的编排正确。因此，在版式设计中，注意图片与文字的处理影响着整个版式的视觉效果与信息的传达，应注意把握版式中图片与文字的合理编排。

a

b

c

图98_图片与文字的位置关系

▲ 在版式编排中注意图片与文字的位置关系，不要将图片编排在段落文字的中间，破坏版式的视觉流程，影响整个阅读过程。

d

图99_图片中文字的处理

▲ 在处理图片上的文字时，注意文字的色彩与位置关系，不能破坏整个版式的视觉传达。

## 3.3 图片的编排技巧

图片在设计领域内运用极广，在艺术造型、设计思维、语言符号、心理研究、大众传播等多个方面都占据极为重要的位置。了解图片在版式设计中的编排技巧，才能创造出与众不同的版式设计作品。

### 3.3.1 图片直观的传递信息

人们在使用文字之前，传递信息、记录事情都是通过勾画视觉图形，图形直接来源于人们对事物的形象认知，容易给人留下深刻的印象，这就是图像优于文字之处。

在版式设计中，图片的接受层面很广泛，传递信息方便快捷，加上如今电视、电脑、街上广告牌等媒体的影响，使人们更加习惯于通过画面去接受信息，快节奏的生活方式也加快人们浏览信息的速度，促使人们选择图片信息。调查显示，现代社会中人们对信息的接受80%来自图像，我们已经正式进入了"读图时代"。

图片能够直观地表达设计主题，传达版式信息，已经成为了版式设计中最为主要的表现元素。不同的图片形式可以传达不同的版式信息。

1）摄影照片把握了形象的瞬间，反映出真实具象的图形，是对生活场景的记录。在商业设计中，利用照片使读者感受、体会到产品特点与服务，是一件极具说服力的事情。照片具备的真实感和直观性，使读者能快速地了解主题信息，见图100~图103。图100中，经常使用餐厅的照片与美食的特写照片作为餐厅广告的主要视觉元素，当读者看到时就会联想其香味、口感，产生消费意愿等。

2）几何图形看起来极为简单，却能够引发观者的想象。在设计中灵活运用几何图形的特点，可以为版式增加许多亮点。例如将圆形、方形以色块的形式放置在背景中，可以加强背景的层次感，并且对版式中的图文信息进行区隔，见图104。同时几何图形也可以运用到承载设计的媒体上，例如裁剪成心形的结婚请柬，各种异型的贺卡、名片等，不少包装盒也设计成立体的几何体。这些设计都运用几何图形的造型和意象特征，带来视觉上的独特享受，也更利于信息的传达。

图100_酒店DM单版式设计

图101_汽车广告版式设计

图102_家居广告版式设计

图103_杂志内页版式设计

图104_招贴版式设计

### 3.3.2 人物图像编排技巧

图像素材中最为重要的类别就是人物图像素材，在版式设计中，人物图像的运用非常广泛。由于信息传达者和接受者都是"人"，因而运用人物图像的设计更容易引起读者的关注和情感上的共鸣。合理地使用人物图像，能够使设计作品具有震撼人心的魅力。

通常情况下，风景等图像的表现力最弱，人物图像的表现力最强。人物面部的特写对人们的吸引力尤其大，见图105。如果主角是具有较高知名度的人物，画面效果会更加显著。

根据版式设计针对的主要受众选择合适的人物形象设计作品是成功的保证，见图106~图109。例如图106中，针对婴幼儿的健康食品进行版式设计，通常使用健康可爱的婴幼儿照片作为素材，使画面充满生机；图107中，以婴儿及母亲的温馨照片作为主要素材，渲染广告设计中和谐、动人的感觉；针对年轻女性的服饰广告，常使用美丽动人的女性图像作为主要素材等，见图108~图109。

当然，根据"异性相吸"的原则，也可以使用相对性别的人物图像来吸引眼球，但必须结合到位的广告语对读者进行引导。

不同的版式主题表达不同的情感，这也是选择人物图像的一个重要依据。表情通常能反映人物的心情，一般情况下，表现稳重、严肃的画面主题，使用平和、坚定表情的人物图像为宜，见图110；需要传达开心、快乐情感的主题，适合选用笑容灿烂的人物图像。

图106_儿童食品版式设计

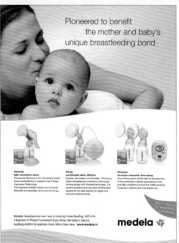

图107_婴儿用品版式设计

图105_化妆品广告版式设计

图109_杂志版式设计

图110_时尚男装版式设计

图108_品牌女装版式设计

### 3.3.3 肌理图片应用

肌理是指物体表面的组织纹理结构，即物体上各种纵横交错、高低不平、粗糙平滑的纹理变化。合理地将肌理图片应用在设计作品中，不但能丰富艺术的表现力，而且还能增加画面的生动性、趣味性。

肌理的主要作用是体现物质的表面特征，使人产生触觉感受，引起相应的生理与心理变化，凸显视觉上的质感，见图111。

合理利用这种心理能够使版式效果更加有趣。例如，在表现都市、电子风格的主题版式中，可以运用水泥墙面、金属等材质的肌理来表现冷酷、坚硬的意象；在表现居家、田园风格的主题版式中，可以运用柔软的布纹肌理来表现温和、安适的感觉，见图

112~图114。

在版式设计过程中，经常会有自然肌理无法表现预期效果的情况，可通过对肌理的后期处理，创造画面新的视觉效果。

肌理图片的应用方法主要有以下几种。

1）重复构成：将小面积的肌理重复排列，用作底纹或背景。

2）渐变构成：将小单元的肌理按渐变方式逐渐扩大，然后拼合在同一画面中。

3）对比构成：将不同的肌理拼合在一起，突出彼此之间的差异性。

4）适形构成：将各种材料裁剪分割后组合在同一版式中，常见的有拼布、贴纸等。

此外，通过选择纸张、印刷方式、增加色彩层次等都能创造肌理。

### 3.3.4 图形的LOGO特征

图形作为视觉语言较之文字更为古老，传递信息更为直观，更具大众性和通俗性，其作为信息的载体，必定在外在的形或内在的意上与某种事物或概念产生一定关联，利用这种关联设计的LOGO更具内涵和深意，见图115。

图形LOGO主要分为具象和抽象两种表现形式。

具象的图形LOGO抓住现实事物的外在形象精神特征，通过概括、简化、夸张的手段对其进行符号化处理，构造出全新和谐的精神面貌，具备了鲜明、单纯的形式美。例如肯德基快餐、苹果数码就使用了具象的图形LOGO。

图111_肌理图片在版式中的应用（1）

图112_肌理图片在版式中的应用（2）

图113_肌理图片在版式中的应用（3）

图114_肌理图片在版式中的应用（4）

图115_图形LOGO设计

抽象的图形 LOGO 主要以几何图形或符号作为表现形式，预示某种意义。在设计中需要将主体的精神特征提取出来，运用点、线、面等元素，根据构成规律组合构成基础，达到感性与理性的结合，因而也是难度较大的设计。例如宝马汽车、奥运标志都属于抽象的图形 LOGO。

图形 LOGO 内涵的定义也较为关键。具有象征性的图形更容易体现企业理念和文化，引发联想和共鸣，在一定程度上比抽象图形更具内涵，具有记忆与识别性。

图形 LOGO 的色彩也相当重要。首先要与企业性质和情感需求相吻合，还要与同类企业形成区别，并具备较强的识别性和记忆度等。

## 3.4 图片的裁剪

在版式设计过程中，有时候会对图片进行剪裁处理。这是图片处理方式中最基本的一种。剪裁图片不仅仅是将不需要的部分剪掉，而且也是改变图片整体长宽比例，以调整图片效果的方式，使版式设计更加贴合主题，制作效果更好的设计作品。

### 3.4.1 通过裁剪缩放版式图像

在固定的页面范围内进行图片排版，往往会根据整体构图的需要对图片进行剪裁，使整体版式呈现更为美观的设计效果，见图 118~ 图 121。

通过对图片进行剪裁，可以改变原图片所具有的长宽比例类型，通过这种处理，可以使图片适应排版的空间，有效地将读者的视线集中到重点内容上。

经过裁剪的图片比实际原图的尺寸小，但是通过图片的放大处理，在保持原大图片尺寸的同时可以展示图片的局部。如果将裁剪后的图片外轮廓的长宽比设定为与原图相同的比例，那么也可以在不改变图片整体印象的同时调整图片的缩放效果。

### 3.4.2 通过裁剪删除多余图像

对图片进行裁剪的另一个重要目的就是将图片中多余的部分删除。例如给人物拍摄照片时，如果背景出现多余行人时，就应该通过裁剪将这部分内容删除，从而减少画面的不自然感。

图116_图形LOGO设计

图118_裁剪图片的应用（1）

图120_裁剪图片的应用（3）

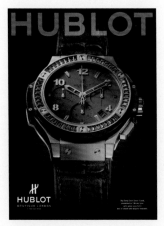

图117_图形LOGO设计

图119_裁剪图片的应用（2）

图121_裁剪图片的应用（4）

通过对图片某个部分进行删除，可能会造成意图不明的画面效果，所以在进行图片剪裁时，应该细心地注意这些潜在的危险。

### 3.4.3 通过裁剪调整图像位置

就图片而言，拍摄对象在图片中的位置能左右图片带给读者的视觉印象。当图片的拍摄没有取得预期效果时，在后期排版时更需要对图片进行裁剪调整，以改变画面的视觉重心，见图122~图123。

### 3.4.4 一图多用技巧

在版式设计过程中，可能在一个版式中需要用到多张图片，并需要我们花费比设计创作更长的时间来寻找图片，使得我们的创作过程受到干扰。其实完全可以只用一张图片，通过分割剪切，将图片的不同局部用在不同的地方，呈现的效果同样非常理想。

一图多用的手法需要从原图中截取几组蕴含创意的局部图片，来配合画面的版式设计。挑选效果好的原图片可以延伸设计的美感，使版式布局协调，赋予版式新的意义，见图124。

### 3.4.5 两次图的应用

两次图的意思是指将同一张照片，通过使用两种不同的方式填充页面，并在此基础上对版式进行设计与制作。

如果版式设计中只有一张图片是画面主体的话，在设计的时候可以运用两次图的方式，使用一个完整图片，将其缩小并设置其为不透明状态，另外再使用该完整图片并进行放大，降低其透明度作为版式背景图片，以增强画面层次感；还可以裁剪背景图片，以局部作为主体背景，同样降低其不透明度，使画面产生视觉联系，使版式效果更加统一，见图125。

图122_通过裁剪突出主题（1）

图123_通过裁剪突出主题（2）

图124_一图多用的版式设计

图125_两次图的版式设计

▲ 只截取小船的船头部分，这部分只占原来大图很小的位置，将它作为版式的大图后，成为了有趣的视觉焦点。上图中，三张图片的尺寸都不一样，右边的特别大，左中的特别小，这种不同尺寸的图片使整个版式更具层次感。

◀ 将花朵图片透明度降低，放大数倍后作为版式的背景，使版式中的同一个图片具有两种视觉效果，版式更加独特与别致。

# 教学实例

## 图片与文字编排关系的不同，会产生不同的版式视觉效果

通过对版式设计中文字与图形的学习，下面根据家居时尚杂志与商务DM单版式中文字与图片的编排，进行版式实例分析，了解如何图文搭配，体现版式主题。

### 实例 1 家居时尚杂志版式设计

图片与文字是版式设计中的主要构成元素，不同的图片与文字编排方式，形成不同的视觉效果，给人不同的心理感受。图126中，版式采用了出血图的编排方式，将图片裁切放大编排在版式中，体现版式的真实感。文字编排在图片右边的空白处，具有强烈的视觉效果，达到了信息传达的目的。该版式是一张杂志的展开图，从版式的左右页面可以看出，图片采用跨页的形式编排，打破常规的左右页面对称的比例关系，使整个版式形成强烈的比例关系，具有强烈的视觉效果。

图128中，版式采用了将图片缩小编排的方式，整个版式不够饱满，显得过于空洞。由此可见，在编排文字信息较少的版式时，应注意图片与文字的比例关系，把握版式的空间结构层次，避免版式的不协调感。

充分运用图片与文字重叠编排的方式，可以使整个版式层次清晰、信息丰富，形成强烈的视觉冲击。图130中，版式采用两张出血图并排的编排方式，使整个版式饱满且视觉效果强烈。文字重叠编排在图片上，使版式具有前后叠加的空间层次感。

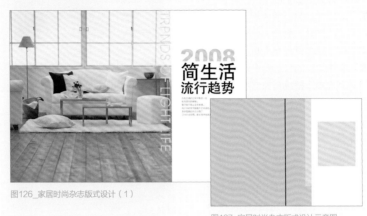

图126_家居时尚杂志版式设计（1）

图127_家居时尚杂志版式设计示意图

▲ 版式采用跨页的方式编排，打破了常规，使整个版式具有强烈的视觉效果。

图128_家居时尚杂志版式设计（2）

图129_家居时尚杂志版式设计示意图

▲ 图片在版式中过小，使整个版式显得空洞、没有生气，给人不稳定的视觉效果。

图130_家居时尚杂志版式设计（3）

图131_家居时尚杂志版式设计示意图

▲ 运用出血图的编排方式，体现了版式的真实感。文字重叠编排在图片上，达到了传达信息的目的。

## 实例 2 房产DM版式

在房产 DM 单的版式中，对于文字与图形的编排具有明确的版式要求，一般不会采用较花哨的版式编排形式。房产 DM 单版式主要体现房产的信息以及企业的外在形象，要求版式内容需要能烘托房产信息并且能够吸引消费者购买。下面根据图 132 与图 135 的文字与图形的编排方式，分析不同的版式编排所产生的不同视觉效果。

在图 132 中，版式采用图片位于上方、文字置于下方的编排方式进行视觉传达，图片信息较为明朗，但就文字信息而言，整体信息不够清晰、主次内容也不分明。从版式的文字来看，文字的字体较小，关键信息并不明确，且右侧空白部分较多，整个版式给人不协调的视觉感受，见图 133。作为房产广告的 DM 单，版式必须具有稳定的视觉效果，文字的不合理运用会使整个版式失去应有的信赖感，因此对文字的位置、大小的调整这一步骤是非常重要的。如图 134 所示，右下角部分的上市日期太小，不会给读者留下深刻的印象。

图 134 是经过修改后的版式，将文字的大小、位置、顺序进行重新排列，使版式呈现清晰化的视觉效果。根据版式信息内容，对关键内容进行放大，从而达到吸引人们注意的版式效果。从整个版式编排的结构来看，文字之间的排列更加有序，增添了整个版式的空间层次感。主题文字编排在版式的下部，与版式上方图片相呼应，使版式具有平衡感。

图132_房产DM版式（1）

图133_DM文字

图133_DM文字

▲ 在编排文字时，要注意文字大小关系的运用，懂得合理地运用文字传达版式信息。

图134_房产DM版式（2）

▲ 版式中文字的大小、顺序的排列，使版式信息更加明确，并使版式具有强烈的空间节奏感。

# 课后练习

1. 通过对文字编排设计知识的学习，了解了文字在版式设计中的具体表现以及在版式设计中的运用。根据所学知识编排设计招贴，充分掌握文字与图片的合理搭配方法。

## 创意思路

运用版式设计的基本构成方式，合理编排文字，要求版式整洁、大方，突出主题。在编排过程中，了解文字的可识别性与非可识别性在版式上的区别，根据文字的不同性质，进行合理编排，实现文字与图形的完美搭配，使版式具有强烈的视觉效果。

图135_图形化的文字与可识别性文字结合（1）

图136_图形化的文字与可识别性文字结合（2）

2. 通过版式设计中图片与文字混排的学习，对版式设计中图片与文字进行版式设计，体会图形与文字在版式设计中的重要性。

## 创意思路

将所学的图片与文字的编排方式运用到实际版式设计中。了解图片与文字的重要性，在选用图片时要注意与主题相结合，根据图片与文字的不同编排方式，实现视觉传达的目的。图片可采用夸张、特写、去底等处理方式，最终实现画面的协调，注意版式中文字的编排，不要破坏版式的视觉效果。

图137_图文混排的杂志版式（1）

图138_图文混排的杂志版式（2）

# CHAPTER 4

## 版式设计的网格系统

本章主要对网格在版式设计中的重要性、网格的类型、网格在版式设计中的应用进行介绍。通过本章节的学习，帮助读者对网格系统的相关知识进行系统了解与掌握。

### 课题概述

本章主要介绍了版式设计中的网格系统。通过分析网格在版式设计中的重要性，了解网格的类型与网格在版式设计中的具体运用方法。

### 教学目标

通过对网格的类型及应用的了解，学习网格在版式设计中的主要表现类型并对其进行分析，将其应用到实际版式设计中。

### 章节重点

了解版式设计中网格的重要性并熟知网格的基本类型，以及网格在版式设计中的具体运用。

都邪却可得精髓入微，惟妙惟肖，现藏米兰圣玛利亚德尔格契修道院

题材取自圣经故事，犹大向官府告密，耶稣在即将被捕前，与十二门徒共进晚餐，席间耶稣镇定地说出了有人出卖他的消息。达·芬奇此作就是耶稣说出这一句话时的情景，画家通过各种手法，生动地刻画了耶稣的沉静、安详，以及十二门徒各自不同的姿态、表情。此作传达出丰富的心理内容、画面利用透视原理，使观众感觉房间褐画面作了自然延伸，为了构图使画面得比正常就餐的距离更近，并且分成四组，在耶稣周围形成波浪状的层次，越靠近耶稣的门徒越显得激动，构图时，将桌面延展至饭厅一端的整体墙面，厅室的透视构图与饭厅建筑结构相联结，使观者有身临其境之感。画面中的人物、其惊恐、愤怒、怀疑、剖白等神态，以及手势、腿神和行为，都刻画得精细入微，惟妙惟肖。

Theme from the Bible story. Judah to the government informants. Jesus shortly before his arrest, and the twelve disciples to dinner, during which he calmly say someone said his message. Da Finch this is Jesus say this sentence. The painter through various means, vividly portrays Jesus calm, serene, as well as the twelve apostles different posture, facial expression. The convey rich content psychology. Picture using perspective principle, make the audience feel the room with pictures made a natural extension. In order to make the map composition than normal dining closer, and divided into four groups, where Jesus is formed around the entry levels. Nearer to the disciples of Jesus Christ more excited. The composition, he will be showing in the dining room at the end of the whole metrope, hail perspective composition and dining room combined building structure, make the viewer a sense of be personally on the scene. Characters in the picture, the panic, anger, suspicion, hate, expression, and gesture, eye contact and behavior, are depicted to the fine detail, vivid.

**DA VINCI 最后的晚餐 达·芬奇 The last supper**

**74 CAUGHT ON CAMERA**
This image of a Florida panther is just one of the winning entries from our camera-trap photographs in our popular competition.

**READER SURVEY**
Tell us what you think of the mag and win a pair of binoculars →

**64 MARK CARWARDINE'S TOP 10 WILDLIFE EXPERIENCES**
Don't like penguin colony on South Georgia reach the top spot in Mark's list?

**23 SWAN LAKES**
Gorgeous photos of whooper swans resting, fighting and raising their young in Japan and Finland.

BBC Wildlife **5**

## 4.1 网格在版式设计中的重要性

网格是现代版式设计中最重要的基本构成元素之一。应用网格可以将版式的构成元素，点、线、面协调一致地编排在版式上。随着版式设计的电脑化进程，网格在版式设计中越来越受到重视，已成为艺术院校平面设计的必修课程。下面我们来了解一下网格在版式设计中的重要性。

### 4.1.1 什么是网格

网格是用来设计版式元素的一种方法，主要目的是帮助设计师在设计版式时有明确的设计思路，能够构建完整的设计方案。网格可以让设计师在设计中考虑得更全面，能够更精细地编排设计元素，更好地把握页面的空间感与比例感。

在版式设计中，可以将版式分为一栏、二栏、三栏或多栏，然后将文字和图片编排在栏中，使版式具有一定的节奏感，给人视觉上的美感。网格设计在实际版式设计中具有严肃、规则、简洁、朴实等版式艺术风格。但是，在进行版式设计的时候，如果没处理好网格就会给整个版式带来呆板的感觉，见图1。

### 4.1.2 网格的重要性

网格在版式设计中有着约束版式的作用，其特点是强调了比例感、秩序感、整体感和时代感，使整个版式具有简洁、朴实的艺术风格，成为版式设计中的主要设计手法。在版式设计中，一个好的网格结构可以帮助人们在设计版式的时候形成明确的版式结构，见图2~图5。

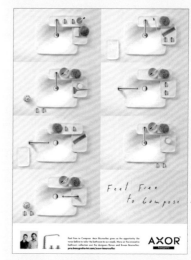

图5_网格在版式中的应用（3）

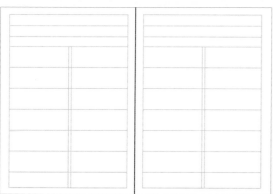

图1_网格

图2_网格的排列

图3_网格在杂志版式中的应用（1）

图4_网格在杂志版式中的应用（2）

网格可以体现理性的、稳定的视觉效果，起到稳定画面的作用，给人稳定、信赖的感觉。下面将分析网格在编排版式信息时的作用，了解其重要特征。

（1）网格具有版式需求性

网格作为版式设计中的重要构成元素，为版式提供了一个框架，使整个设计过程更轻松、灵活，同时也让设计师能更简单地确立版式风格。运用网格能使整个页面具有活力，能够有效地编排版式中一些不起眼的元素，使整个版式产生戏剧性的变化，具有视觉冲击力，让人们在阅读的时候能够体会到版式设计的风格。

图6中，设计师使用了简单、对称的三栏网格结构以及较宽的页面留白，具有稳定感。

（2）网格具有组织信息的功能性

组织页面信息是网格的基本功能体现。在现代版式设计中，网格的运用方式变得更加进步、精确，从以前简单的文字编排到现在的图文混排，网格的运用使整个版式中的图文编排具有规律性特征，见图7。

（3）网格具有阅读的关联性

在版式设计中，设计师有很大的自由空间编排版式元素，但是，人们阅读版式中图片和文字信息的方式决定了版式中有一部分内容更易吸引人们的注意，视觉冲击力更强。这也表明了在一个版式中，有"中心"区域与"外围"区域之分，设计师可以利用对此的认识来编排版式中的关键元素。网格设计给页面带来清晰的"流动感"，使人们的视线从标题移动到图像，再移动到文本，最后移动到图片说明文字，见图8~图10。

图8_网格版式

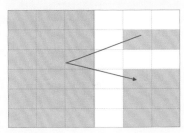

图9_网格版式的视线图

图6_三栏网格版式

图7_图文编排的网格结构

图10_杂志版式

## 4.2 **网格的类型**

在每件设计作品背后,网格都是运用得最普遍的结构元素,它为整个设计过程带来了秩序感、协调感,并提高了操作的效率。在版式设计中,网格主要表现为对称式网格和非对称式网格两种。

### 4.2.1 对称式网格

所谓对称式网格,就是版式中左右两个页面结构完全相同,有相同的内页边距和外页边距,而且外页边距要比内页边距大一些。对称式网格是根据比例创建的,而不是根据测量创建的。

对称式网格的主要作用是组织信息,平衡左右版式。下面我们来学习怎么区分对称式栏状网格与对称式单元格网格,分别了解它们在版式设计中的作用,见图11~图12。

(1)对称式栏状网格

对称式栏状网格的主要作用是组织信息以及平衡左右页面。根据栏的位置和版式的宽度,左右页面的版式结构是完全相同的。

对称式栏状网格中的"栏"指的是印刷文字的区域,可以使文字按照一种方式编排。栏的宽窄直接影响文字的编排效果,可以使文字编排更有秩序,使版式更严谨,见图13和图14。但是栏也有一些不足之处,比如,字号变化不大,会使整个版式的文字缺乏活力,使版式显得单调,见图15和图16。对称式栏状网格分为单栏网格、双栏网格、三栏网格、四栏网格甚至多栏网格等。下面我们来了解一下不同的对称式栏状网格对版式产生的影响。

图14_杂志版式(2)

图15_杂志版式(3)

图11_对称式栏状网格

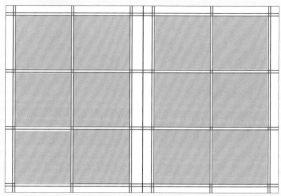

图12_对称式单元格网格

图13_杂志版式(1)

图16_书籍内页版式

1）单栏对称式网格。在单栏对称式网格版式（见图 17）中，文字的编排显得过于单调，容易使人产生阅读疲劳。单栏对称式网格一般用于文字性书籍，如小说、文学著作等。因此，在单栏对称式网格版式中，每行文字一般不要超过 60 个字。

2）双栏对称式网格。这种网格结构能更好地平衡版式，使阅读更流畅。双栏对称式网格在杂志版式中运用十分广泛，但是版式缺乏变化，文字的编排比较密集，画面显得有些严肃，见图 17~ 图 18。

3）三栏对称式网格。将版式分为三栏，这种网格结构适合信息文字较多的版式，可以避免每行字数过多造成阅读时的视觉疲劳感。三栏对称式网格的运用使版式具有活跃性，打破了单栏的单调感，见图 19。

4）多栏对称式网格。这种网格结构适合于编排一些有关表格形式的文字，比如联系方式、术语表、目录等，不适合编排正文，见图 20~ 图 21。

（2）对称式单元格网格

采用对称式单元格网格编排版式时，是将版式分成同等大小的单元格，再根据版式的需要编排文字和图片。这样的网格结构具有很大的灵活性，可以随意编排文字和图片。在编排过程中，单元格之间的间距可以自由调整，但是每个单元格四周的空间距离必须相等。版式设计中单元格的划分，保证了页面的空间感与规律性。整个版式给人规则、整洁、有规律的视觉效果，见图 22。

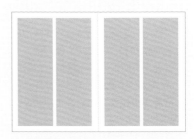

图18_规整的双栏对称式网格版式

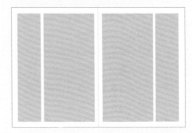

图19_较活跃的双栏对称式网格版式

图17_单栏对称式网格

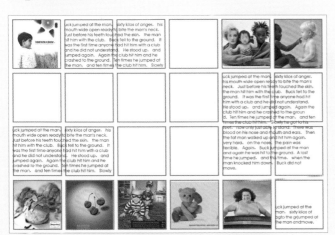

图23_采用对称式单元格网格编排版式

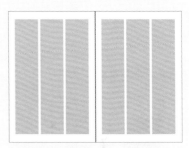

图20_三栏对称式网格

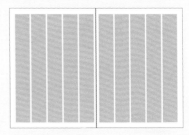

图21_五栏对称式网格

图22_多栏对称式网格在版式中的应用

### 4.2.2 非对称网格

非对称网格是指左右版式采用同一种编排方式，但是并不像对称式网格那样严谨。非对称网格结构在编排过程中，可以根据版式需要，调整网格栏的大小比例，因此版式会呈现不对称的动感效果，整个版式更灵活，更具有生气。

非对称网格主要分为非对称栏状网格与非对称单元格网格两种。

（1）非对称栏状网格

非对称栏状网格是指，在版式设计中，虽然左右页面的网格栏数基本相同，但是两个页面并不对称。栏状网格主要强调垂直对齐，这样的排版方式使版式文字显得更整齐，更具有规律性。非对称栏状网格设计相对于

对称式栏状网格更具有灵活性，版式更活跃，见图24。

图24是三栏网格版式，左右页面采用非对称栏状网格结构，其中一栏相对于其他两栏较窄，使版式具有活跃感，打破了呆板的版式结构。图26是单栏网格版式，对图片进行了巧妙的编排，使版式具有生气，版式中左右页面的页边距不同，形成了非对称栏状网格结构。

（2）非对称单元格网格

非对称单元格网格在版式设计中属于比较简单的版式结构，也是基础的版式网格结构。有了单元格的划分，设计师可以根据版式的需要，将文字与图形编排在一个或几个单元格中。非对称单元格网格结构，使文字编排灵活多样、错落有致，层次清晰。非

对称单元格网格多应用在图片的编排上，可以使整个版式更生动，打破版式的呆板无趣，见图25~图28。

图28_图片编排中采用非对称单元格网格

图24_采用非对称栏状网格的杂志版式

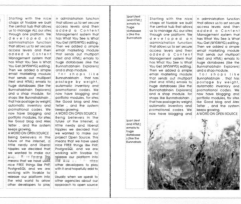

图25_三栏非对称栏状网格版式

图26_单栏非对称栏状网格版式

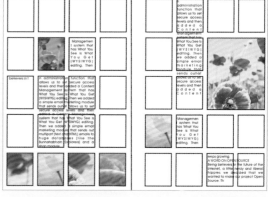

图27_非对称单元格网格的应用

### 4.2.3 基线网格

基线网格是不可见的，但却是版式设计的基础。基线网格提供了一种视觉参考，可以帮助版式元素按照要求准确对齐，这种对齐的版式效果是凭感觉无法达到的。因此，基线网格构架版式的基础，为编排版式提供了一个基准，有助于准确地编排版式。

图29中，基线是一些水平的直线（洋红色），可以帮助编排文字信息，也可以为图片编排提供参考。基线网格的大小、宽度与文字的字号有密切关系，如字体的字号为10磅，行距为2磅，那么就要选择宽度为10磅的基线网格。版式中，蓝色线代表网格的分栏，页面是白色底。

基线网格的间距根据字体的字号增大或者减小，以满足不同字体的需求。图30中，基线的间距增加了，为的是方便与更大的字体和行距相匹配。

在图31中，左侧段落的标题的字号为24磅，在一个基线网格中只编排了一行字。中间段落的正文字号为10磅，行距为2磅，这就意味着（10+2）×2=24。因此，在一个基线网格中可以编排两行文字。右侧段落文字的字号为7磅，行距为1磅。根据上面的原理，可以得知，该基线网格中可以编排三行文字。

图32所示的页面中采用了红色的网格线，它既是文字的编排线，也是文字的对齐线。图33和图34为应用基线网格编排的版式。

图33_应用基线网格编排的版式

图34_应用基线网格编排的版式

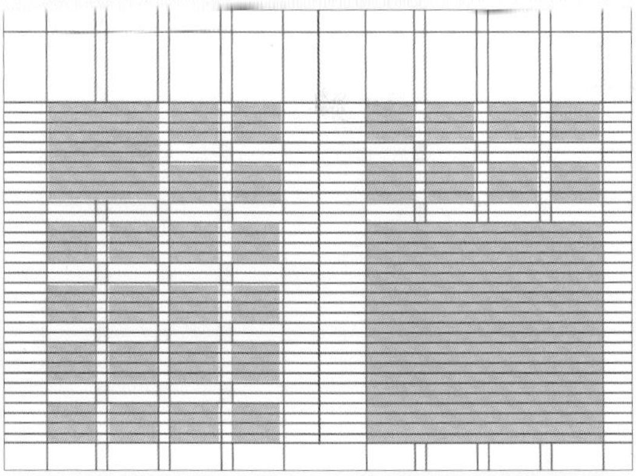

图29_基线网格（1）

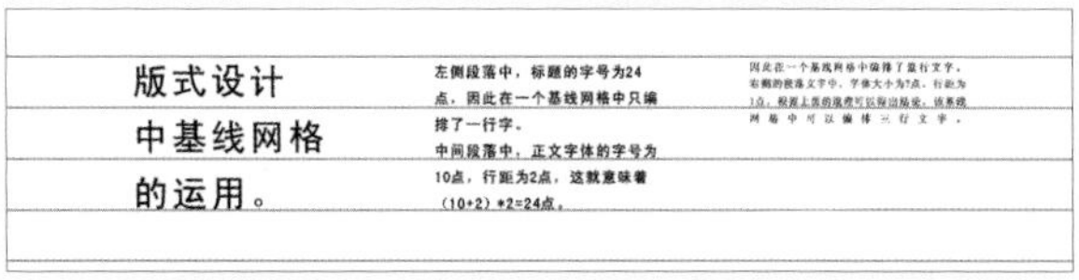

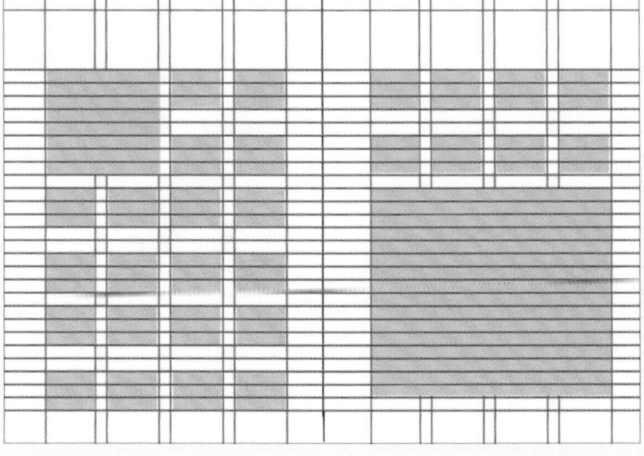

图30_基线网格（2）

图31_基线网格（3）

图32_基线网格（4）

### 4.2.4 成角网格

成角网格在版式中很难设置，因为网格可以设置成任何角度，而不同的网格角度对版式产生的画面效果各不相同，合理调整成角网格的角度是版式设计成功的关键。

成角网格发挥作用的原理跟其他网格一样，由于成角网格是倾斜的，设计师在编排版式的时候，经常以打破常规的方式展现自己的创意风格。

在设置成角网格角度的时候，要注意版式的阅读性特征。一般情况下，设计师出于对页面构图、设计效率和连贯性的考虑，成角网格通常只用一个或两个角度，使版式结构与阅读习惯在最大程度上达到统一。图35中，网格与基线成45°角，这样的版式编排方式，可以使页面内容清晰、均衡、具有方向性。值得注意的是，向上倾斜的文字比向下倾斜的文字更方便阅读。图36是45°成角网格的示意图。

图37采用了两个角度的成角网格，由于倾斜的版块与基线成30°与60°角，使文本具有四个编排的方向。但是在版式中出现了多个不同阅读方向的文本，可能会给阅读带来困扰，甚至会对版式内容的连贯性造成影响。通常，人们都是以水平方向阅读版式信息的，如果突然采用一个60°角方向的文本编排，将会给整个版式造成阅读困扰。图38是30°与60°成角网格示意图。

从上述两种成角网格版式可以看出，在设置成角网格版式倾斜角度与文字方向性时，应充分考虑到人们的阅读习惯，一个优秀的版式设计要求其具有信息传达的功能，同时要注意版式的统一，见图39~图41。

图39_成角网格版式（1）

图40_成角网格版式（2）

图41_成角网格版式（3）

图35_45°成角网格

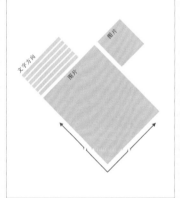

图36_45°成角网格示意图

图37_30°与60°成角网格

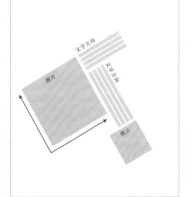

图38_30°与60°成角网格示意图

## 4.3 网格在版式设计中的应用

网格的形式复杂多样，在编排版式的过程中，设计师发挥的空间很大，各种各样的编排结构都可能出现。网格设计的主要特征是，能够保证版式的统一性，在版式设计中，设计师根据网格的结构形式，能在有效的时间内完成版式结构的编排，从而快速地获得成功的版式设计。

### 4.3.1 网格的建立

一个好的网格结构可以帮助设计师明确设计风格，排除设计中随意编排的可能，使版式统一规整。网格的建立不仅可以令设计风格更连贯，还可衍生无尽的自由创作风格。在版式设计中，把网格作为一种关键的设计工具，可以采用栏状网格与单元格网格混排的形式编排版式。设计师可以利用两者的不同形式编排出灵活性较大、协调统一的版式，见图42~图43。

图44中，网格采用了三栏四单元格的方式。其中，蓝色线条既是栏的分割线也是单元格的分割线，为文字和图片的编排提供了准确的版式结构。网格不仅不会影响整个版式的编排，反而会为编排版式提供明确的指导，引导设计师在版式设计中更好地编排文字与图片。合理地运用网格不仅能使版式灵活多变，更能体现设计风格。

图45中的网格结构是采用横四竖六的单元格方式建立的，每个大单元格再分为30个小单元格。位于页边距的洋红色区域是这些单元格的基线网格；蓝颜色线既为单元格的分割线，也是栏的分割线，它为编排文字和图片提供基准。图46是按照三栏非对称式网格设计的版式。

图46_杂志内页版式

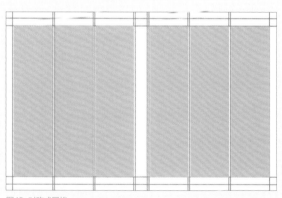

图42_对称式网格

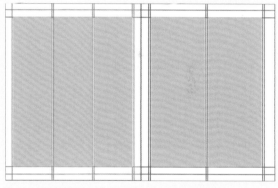

图43_非对称式网格

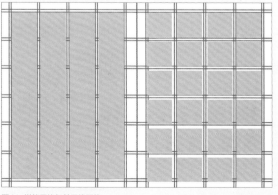

图44_栏状网格与单元格网格

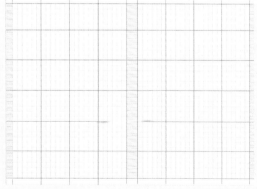

图45_网格与基线网格

网格可通过以下两种方式创建。

（1）通过比例关系创建网格

利用比例关系，能够确定版式的布局与网格。图47为德国字体设计师杨·奇柯尔德（Jan Tschichold，1902-1974）设计的经典版式，它是在长宽比例为2:3的纸张之上建立的。

图中：高度a与页面的宽度b是一样的；装订线和顶部边缘留白占整个版式的1/9；内缘留白是外缘留白的一半。假如跨页的两条对角线与单页的对角线相交，两个焦点分别为c和d，再由d出发，向顶部页边作垂线，其交点e与c相连，这条线又与单页的对角线相交，形成交点f，就是整个正文版式的一个定位点。

（2）通过单元格创建网格

在分割页面的时候，也可以采用8:13的黄金比例，也可称作是斐波那契数列比例关系。在斐波那契数列中，每一个数字都是前两个数字的和。在网格建立的过程中，我们可以利用这种特性来决定每一个单元格的大小，从而建立网格。

图48所示的版式是由34×55的单元格构成，内边缘留白5个单元格，外边缘留白8个单元格。在斐波那契数列中，5的后一位数字是8，正好是外边缘的留白单元格数。8后面的数字是13，是底部留白的单元格数。以这种方式来决定正文区域的大小，可以在版式的宽度与高度比上获得连贯和谐的视觉效果。

网格建立的主要目的是对设计元素进行合理有序的编排。它决定了图片与文字以及图表在版式中的位置以及比例关系。网格为文字编排创造了众多可能性，可以对文字或者图片的编排起到指导作用，见图49~图51。

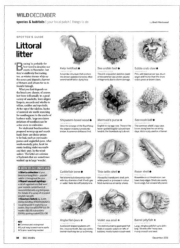

图51_单元格网格在版式中的应用

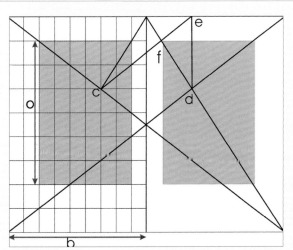

图47_通过比例创建网格示意图

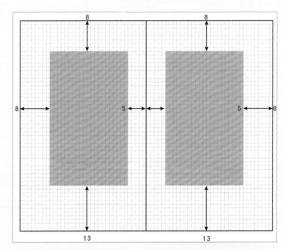

图48_通过单元格创建网格示意图

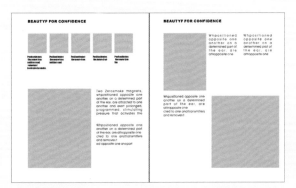

图49_网格在图书版式设计中的应用

图50_网格在杂志版式设计中的应用

## 4.3.2 网格的编排形式

版式由图像和文本元素构成，从本质上讲，是它们构成了页面的表现形式。在编排图像与文本时，常常会采用网格的形式编排版式。充分利用网格，可以设计出流畅并令人印象深刻的版式；将文本与图形运用网格的不同形式进行组合，可以给人不一样的视觉心理感受。

网格是版式设计的主要方法，是设计师保持版式平衡的重要工具。网格的构建形式取决于版式主题的需要，文字多、图片少的版式和图片多、文字少的版式之间有很大区别。下面我们来看看网格在实际版式中的具体编排形式。

图 52 中，版式采用双栏的网格结构将文字与图片编排在版式中，运用双栏网格结构使文字信息传达具有版式空间感。

图 53 中，运用图片与文字的对比关系，采用非对称网格结构，使版式气氛十分活跃。

在版式设计中，网格的编排形式主要分为以下几种。

（1）多语言网格编排

在版式中出现了多种文字的情况下，内容通常驱动着版式的编排方式，而不是仅凭创造性来编排版式。网格具有很大的灵活性，可以适应不同语言的文字。图 54 是一张翻译的版式设计，灰色模块代表可以容纳多语种的空间。

（2）说明式网格编排

当版式中信息过于复杂，出现了若干个不同元素的时候，很容易对读者的阅读造成困扰。此时，可以通过网格的形式，对版式信息进行调整。图 55 中，版式采用将图片放大，文字编排在图片下方的网格形式，使整个版式显得稳定、层次清晰。图 56 所示的杂志内页版式就采用了说明式网格进行编排。

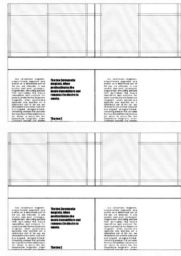
图52_采用双栏网格编排图文页面

图53_采用非对称网格编排使图片与文字产生对比

图56_杂志内页版式

图54_多语言网格编排

图55_说明式网格编排

（3）数量信息网格编排

网格的主要功能是加强设计的秩序感，在表现数据较多的表中，网格的编排运用十分重要。图57所示的记事薄中，采用了双栏的网格形式，将文字信息与数据清晰地编排在版式上，让人一目了然。

### 4.3.3 打破网格束缚

网格的主要目的是帮助设计师编排版式，使版式更方便阅读。但也不要一味拘泥于网格的束缚中，有时要勇于打破网格，使版式更具有灵活性，有效地传达一种特殊的设计风格，呈现设计师的创意。

图58与图59中，版式采用网格与无网格的对比形式编排。右侧编排文字的版式虽然没有网格结构，文字在版式中编排整齐且具有规律性。另外，整个版式的重心也很平稳，信息传达明确。因此，无网格结构同样能够达到视觉传达的目的。

设计师虽放弃使用网格，但是在潜意识中仍然存在一定的准则指导他们编排版式。图60中，文字采用了对齐的文字块形式，在没有网格结构的情况下仍然能清晰地传达信息，使整个版式层次结构清晰。

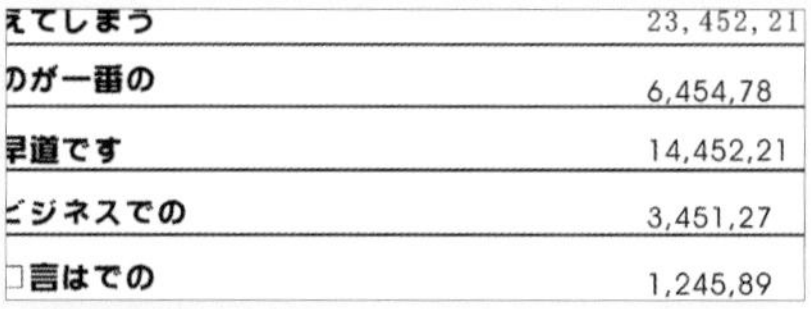

| | |
|---|---|
| えてしまう | 23,452,21 |
| のが一番の | 6,454,78 |
| 鉄道です | 14,452,21 |
| ビジネスでの | 3,451,27 |
| 言はでの | 1,245,89 |

图57_数量信息网格编排

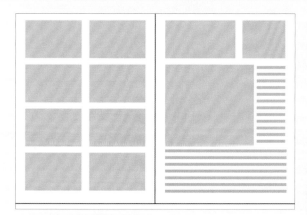

图58_网格与无网格对比版式示意图（1）

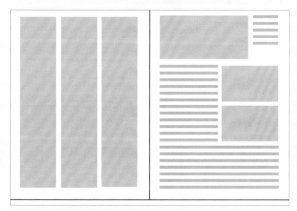

图59_网格与无网格对比版式示意图（2）

图60_无网格版式

# 教学实例

## 网格的不同形式产生不同的视觉效果

通过前面对版式设计网格类型的了解与学习，以及对称网格与非对称网格的版式运用，相信大家对于网格的建立与应用已经有了初步的了解。下面通过西餐菜谱与女性时尚画册版式中网格的形式，了解不同的网格形式构成的版式所产生的不同视觉效果。

### 实例 1 菜谱版式

网格是版式设计常用的一种版式结构，可以帮助设计师编排版式元素，使版式编排整齐，达到准确传达信息的目的。图61是西餐厅菜谱的版式设计，该菜谱在编排版式的时候，根据对版式元素的了解，选择适当的网格结构，使其达到信息传达明确的目的，具有视觉上的美感。版式中图片的大小对比关系使整个版式具有活跃性，以出血方式编排一张生动的图片，能有效地勾起人们的食欲。在图62中，运用单元格网格的版式结构，将不同的菜品图片编排在版式中，文字信息编排在图片下方，能迅速地将版式信息传达给消费者。有的菜品运用对比的编排形式，打破网格过于呆板的结构，使整个版式既具有稳定感又具有跳跃性，从而突出版式的主题。

图63中的右侧版式和图64所示的版式采用了单元格网格结构，编排菜品的图片大小完全一样，整个版式显得过于规整、严谨、呆板，没有生气，给消费者压抑的视觉印象。

运用无网格的版式结构，更能体现版式的活跃性。在图65和图66中，版式没有明确的网格结构，图片大小对比强烈，整个版式显得非常活跃。

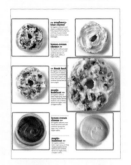

图61_菜谱版式（1）　　　　　　　　　　　　　　图62_右侧版式

▲ 运用出血图的版式编排方式，使版式具有强烈的对比效果，从而达到视觉传达的目的。

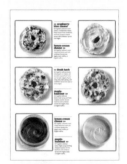

图63_菜谱版式（2）　　　　　　　　　　　　　　图64_右侧版式

▲ 运用网格可以起到稳定版式的作用，但是过于规整的版式结构会造成呆板的视觉效果。

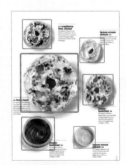

图65_菜谱版式（3）　　　　　　　　　　　　　　图66_右侧版式

▲ 运用无网格版式结构，要注意版式的协调性，使版式主次分明，信息传达明了，从而达到视觉传达的目的。

## 实例 2 画册版式

网格具有很大的灵活性,在版式中运用不同的网格结构,会给人不同的视觉效果。图 67 是一张时尚女性品牌宣传画册展开的版式,在编排这样的版式时,要注意版式中文字与图形的编排结构,使版式具有个性新颖的视觉效果,符合品牌形象宣传。其中,左页面运用栏状网格的版式结构,使文字与图片整齐地编排在版式中,使版式具有稳定性。版式中文字的大小对比强烈,具有跳跃性,打破版式过于沉闷的视觉效果,使版式信息传达具有主题突出、信息清晰明了的视觉效果。左右页面中图片对比强烈,版式具有活跃感,使读者在阅读时具有视觉上的跳跃感,双栏网格与单栏网格的对比关系给人视觉上的冲击效果。图 68 是该版式的示意图。

图 69 中,版式左右页面采用栏状网格与单元格网格的对比编排,使网格的运用具有灵活性,在视觉上给人跳跃的视觉效果;文字与图形整齐地编排在版式中,使版式具有稳定性;版式中图片的大小对比关系,使版式主次分明,信息传达明确。其中,右页面采用主体图片,打破单元格网格过于规整的视觉效果,形成版式的对比关系,使整个版式具有活跃的视觉效果。图 70 是该版式的示意图。

左右对称的版式结构给人稳定、信赖的视觉效果。图 71 中,版式采用双栏对称网格结构,使整个版式具有强烈的稳定性;运用图片的对比编排,使版式具有活跃感;文字的大小对比关系,打破了对称网格的沉闷感,使版式具有活跃感。图 72 是该版式的示意图。

图67_画册版式(1)

▲ 运用图片框的形式使版式具有规律、严谨的视觉效果,在信息传达上具有高质量的视觉感受。

图69_画册版式(2)

▲ 在版式中适当运用网格的对比关系,在稳定版式的同时具有活跃的视觉效果。

图71_画册版式(3)

▲ 双栏对称网格结构使版式具有稳定感。

# 课后练习

1. 通过对版式设计中网格的学习，以网页设计为主要信息载体，进行网格的栏状网格形式、单元格形式以及无网格形式的编排设计，要灵活运用网格的设计原理进行构思设计。

## 创意思路

根据网页设计的版式要求以及网页设计的信息传递媒介进行归纳分析，采用不同的网格形式进行编排设计。要求网页主题明确、结构清晰，版式具有平衡感，符合阅读要求。注意把握网格在网页设计中的技巧，以免造成版式呆板无趣。图73~图75是网页设计中单元格网格形式、无网格形式及栏状网格形式的使用实例。

图73_单元格网格形式

图74_无网格形式

图75_栏状网格形式

2. 通过对版式设计中网格编排基础知识的了解，将网格设计运用到杂志版式设计中，要求体现杂志版式的平衡感与活跃性。

## 创意思路

根据对网格的基本了解，运用栏状网格与单元格网格编排杂志版式。要求文字与图片编排合理，版式信息传达明确、结构清晰、层次清楚、主题突出。另外，要注意图片及文字信息量过大的版式的编排，避免呆板无趣，造成阅读疲劳。图75和图76是杂志版式设计中栏状网格形式与单元格网格形式的使用实例。

图76_栏状网格版式形式

图77_单元格网格版式形式

# CHAPTER 5

## 版式设计与印刷

本章主要对版式设计的版式与纸张、出血、线法规定、前期制作、后期印刷进行介绍。通过本章节的学习，帮助读者充分了解对版式设计与印刷的相关知识。

### 课题概述

本章主要介绍了版式设计的版式要求与印刷要求。其中，通过对版式设计中出血、线法规定、色彩以及文字与图片的输出要求的学习，了解完成一个完整的版式设计所需要的基本步骤。

### 教学目标

通过对版式设计的版式、纸张、出血、线法规定、色彩的标示以及文字与图片输出的要求的学习，了解后期制作对版式设计的影响，运用这些知识更好地安排版式编排与设计。

### 章节重点

了解版式设计与印刷知识，并熟知完整版式设计所需要学习的基本要素与印刷知识。

# Leisure time
# 休闲時光

桃花缤纷，翩跹起舞，如漫天彩蝶，纷纷扬扬飘落一身。那暗香浮动鼻端，浸染心灵，连绵不绝。置身其中，心旷神怡，可以独身坐于石凳之上，沏一杯茉莉花茶，捧一卷古书，任风挑弄发丝，拨动书页，无论是读散文、读诗歌、读小说，漫天的花雨与花之精魂平静我浮躁的心，让作者笔下流动的文字使我在迷惘中又见希望，而我什么都不想，只随意舒适地阅读。累了，闭上眼，扬起天真无忧的微笑，呼吸着沁人心脾的芬芳，感受平日在喧嚣中感受不到的，微风抚弄指尖的神秘浪漫，简单安静，随心而活。

**Good times**

## Rosa 'Tuis'

We couldn't think of a better Christmas gift than a Tuis rose. Spoil yourself, or someone special, with a rose tree that's take your breath away. Rosa Tuis is now also available at Ludwig's Roses in Pretoria, Johannesburg, Stellenbosch and Hillcrest, for about R85.

## 5.1 版式与纸张

版式设计主要起到吸引读者视线的作用，利用人们对事物的视觉感受，产生强烈的视觉冲击力，牢牢吸引住读者的注意力。纸张的选择直接影响色彩与版式的最终效果，不同的纸张给读者不同的视觉感受，合理地运用纸张，可以使版式表现更完整，信息传达更具有美感。例如，报纸版式采用的新闻纸与杂志版式采用的铜版纸，厚度和色泽都不同，在视觉上也会给人不一样的感受，见图1~图3。

### 5.1.1 开本的认识

开本主要表现为出版物页面的大小。把一张全开纸平均裁切成尺寸相同的纸张，所裁切的张数就称之为开

本。如一张完整的全开纸经4次对折后，其单页面为全张纸的1/16，这样大小的页面就称为16开本，见图4。

下面介绍几种比较常见的开本和开本的方向性。

（1）开本的大小

图4中分别是正度纸张与大度纸张的开本大小划分。国家规定的开本尺寸采用的是国际标准体系，现已定入国家行业标准 GB/T 788-1999 内在全国执行。书刊现行开本尺寸主要是A系规格，常见的有以下几种：A4（16开）为210mm×297mm；A5（32开）为148mm×210mm；A6（64开）为105mm×144mm。

除了前面所讲的开本大小以外，在实际版式中，有时会采用异型开本，在编排异型开本版式的时候，应注意版式尺寸的选择，尽量以节约纸张为

原则。节约用纸要以常规开本尺寸为基础，如果过长或过短，就会浪费用纸，或者必须订购特规纸，不能节省成本。图书开本常用尺寸见图5。

（2）开本的方向性

开本在版式上的方向性主要表现为左开本、右开本、纵开本和横开本。下面我们了解一下不同方向的开本对版式设计及视觉传达的影响。

图1_报纸版式

图2_杂志内页版式

图3_杂志版式

| 大度纸张开本大小划分 | |
|---|---|
| 全开 | 844×1162 mm |
| 2开 | 581×844 mm |
| 3开 | 387×844mm |
| 4开 | 422×581mm |
| 6开 | 387×422mm |
| 8开 | 290×422 mm |

大度纸张：850×1168mm

注：成品尺寸=纸张尺寸-修边尺寸

| 大度纸张开本大小划分 | |
|---|---|
| 全开 | 781×1086mm |
| 2开 | 530×760mm |
| 3开 | 362×781mm |
| 4开 | 390×543mm |
| 6开 | 362×390mm |
| 8开 | 271×390mm |
| 16开 | 195×271mm |

正度纸张：787×1092mm

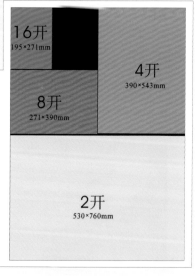

图4_纸张开本划分

1）左开本和右开本。左开本主要是指书籍采用从左边翻开的阅读方式，其版式主要表现为横向排版的形式，阅读的时候文字是由左向右看的，见图6和图7。

右开本的书籍采用向右翻开的阅读方式，其版式为竖向排列，在阅读的时候文字是从上往下、从右向左看的，见图8。

2）纵开本和横开本。纵开本的出版物主要表现为版式的长度尺寸大于宽度尺寸。书籍在装订成册的加工过程中，常常采用将较大数值尺寸写在前面，如297mm×210mm（长×宽），表示该版式是纵开本形式，见图9。

横开本与纵开本相反，版式的长度尺寸小于宽度尺寸。书籍在装订成册的加工过程中，常常采用将较小数值尺寸写在前面，如210mm×297mm（长×宽），说明是横开本形式，见图10。

在版式设计中，开本方向的不同，给人留下的的印象也不一样。在具体版式编排中，可根据内容的需要选择适当的开本方向及开本的大小。

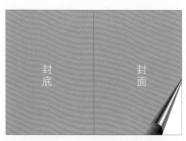

图6_左开本（1）

图7_左开本（2）

**常见图书开本（净）**

| 16开 | 188×260 | 18开 | 168×252 |
|---|---|---|---|
| 32开 | 130×184 | 36开 | 126×172 |
| 大16开 | （889×1194×1/16）210×285 | | |

| 20开 | 184×252 | 24开 | 168×183 |
|---|---|---|---|
| 64开 | 92×126 | 长32开 | （787×960×1/32）=113×184 |
| 大32开 | （850×1168×1/32）140×203 | | |

（单位：毫米）

图5_图书常见开本尺寸

图8_右开本

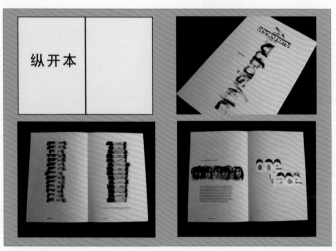

图9_纵开本

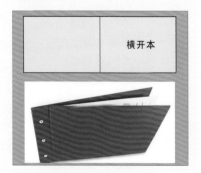

图10_横开本

## 5.1.2 纸张的选择

在版式设计中，采用不同的纸张，印刷出的色彩、人们阅读时的心理感受都会有所不同。比如，铜版纸比哑光纸看上去要亮一些，因为铜版纸的表面比较光滑，哑光纸的表面比较粗糙。另外哑光纸在触觉上比铜版纸更厚一些。在版式设计中，常用的纸张主要有铜版纸、哑光纸、白卡纸等。

1）铜版纸的表面有一层白色的浆料，通过压光制成，纸张表面光滑，白度比较高，对油墨的吸收性良好。铜版纸主要用于印刷高级书刊的封面、彩色图片、插图以及各种精美的商品广告、商品包装、样本、商标等，见图11~图13。

2）哑光纸与铜版纸相比，不太反光。用它印刷的图案，虽没有铜版纸色彩鲜艳，但比铜版纸更细腻，显得更高档。用哑光纸印出的图形、画面具有立体感，便于阅读。因而，这种纸可广泛地用来印刷杂志、画报、广告、风景、精美挂历、人物摄影图等，见图14和图15。

3）白卡纸属于较厚实的纸张，具有较高的白度，耐破性高，表面光滑。一般用于印刷名片、证书、请柬、台历及明信片等，见图16和图17。

除了上面介绍的几种纸张以外，还有其他一些特种纸可以选择。使用特种纸更能有力地体现出版式的视觉与触觉效果。因此，合理利用特种纸张有利于版式的视觉率与信息传达程度。在版式设计中要根据书籍版式的需要，选择不同的特种纸张。图18是使用木板纸印刷的版式效果。

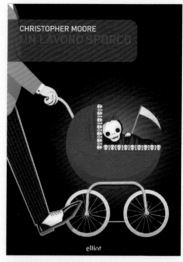

图11_采用铜版纸印刷杂志版式

图12_采用铜版纸印刷的插画

图13_采用铜版纸印刷的杂志版式

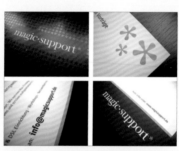

图14_采用哑光纸印刷的书籍版式

图16_使用白卡纸印制的卡片

图17_使用白卡纸印刷的贺卡设计

图15_采用哑光纸印刷的广告海报

图18_采用木纹纸印刷的版式

94

## 5.2 出血

版式设计中，出血的主要作用是为了保证版式的完整性，避免版式中出现不完整、不规则的图片及文字。在版式编排中，出血是非常重要的，影响着整个版式设计的视觉效果及版式结构。

出血是版式设计中必须考虑也必须遵守的，如果在设计稿的边缘部分出现了底色以及图形，就必须在印前做好出血，其目的是保证裁切后画面的完整性。

一般出血部分是在版式的四周沿边多留3mm，也就是说版式上下左右都要比成品的尺寸多3mm。比如要做个A4的版式，成品尺寸要求是210mm×285mm，在建立页面尺寸的时候就要做成216mm×291mm。

图19中，灰色部分表示出血，是需要被裁切掉的，使版式在经过裁切以后仍然能达到一个完整的视觉效果。因此，留出血的主要目的就是防止版式的内容被切除，保证版式的完整性。图20和图21分别是裁剪前的版式和裁剪后的版式，可以看出，裁剪后出血部分被裁掉了。

在版式设计中，报纸版式是不需要留出血的，因为报纸版式不需要裁切。照片类图像一般按照成品效果做，也不需要留出血。喷绘与写真类主要用于户外或装裱使用，需要根据实际应用考虑留边，出血也要根据具体情况进行考虑。在处理DM的异型版式的时候，出血的大小可根据版式的需要适当加大。图22和图23所示的两幅海报是设置了合适的出血后裁切得到的成品，可以看出版式内容十分完整。

图19_出血部分

▲ 印刷品版式中的出血主要是指在版式的上下左右各留出3mm的距离，避免裁切时候的误差影响到版式内容。

图20_裁剪前的版式

图21_裁剪后的版式

图22_鞋类海报设计

图23_香水广告海报

页眉和页脚显示文档的附加信息，常用来插入时间、日期、页码、单位名称、徽标等。其中，页眉在页面的顶部，页脚在页面的底部。

在版式中要注意页眉页脚与出血线的位置关系，见图24。页眉页脚除具有方便检索查阅的功能外，还具有装饰的作用，是版式中很细小的部分，在版式中起到点缀的作用，设置一个好的页眉与页脚，可使版式达到画龙点睛的效果，见图25和图26。一般情况下页眉与页脚只占一行，由横线及文字构成，也可用图案做页眉页脚，虽然有些夸张，但可以使被表达对象的特征更加鲜明、突出，产生一种令人惊奇的美感。在设置页眉页脚的时候要注意距出血线的位置要大于5mm，以免在裁切的过程中丢失版式信息。

## 5.3 线法规定

版式设计中，每个版式都有自身的大小，这些大小就是用版式中不同的线来划分的，下面我们来了解划分版式的各种线。

### 5.3.1 角线

角线是在拼版或印后加工裁切中校准用的，在发菲林片之前必用。角线分布在印版的四角，图文印入纸张时，四角的角线必须印齐全。在版式编排的时候，应注意角线的设置。如果版式是四色印刷，角线也要四色，C、M、Y、K四块版都要有角线才能套准，如果只印刷成单一的黑色，其他三块版没角线，就很难套准。角线一般设置线长为5mm，线宽为0.07mm，

分别位于版式的四个角，见图27。

### 5.3.2 出血线

版式的上下左右各留出3mm的面积叫出血，将出血面积与版式面积相区分的线就是出血线。出血线也是裁切线，是划分版式有效空间的重要标注，与角线对应，确保版式有效空间的完整性，见图28~图29。

图29_出血线在版式中的应用

图25_页眉

图26_页脚

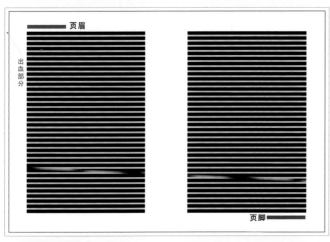

图24_页眉页脚与出血线的位置关系

图27_角线

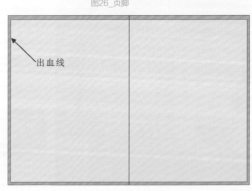

图28_出血线

### 5.3.3 十字规线

十字规线主要用于检查版式套印情况。平版印刷品,在靠身、朝外和拖梢边分别在印版上晒制若干个十字规线,并且最好在拉规纸边也晒制十字规线。这样当纸边裁切出现波浪边时,也可准确检查印刷过程中的拉规工作是否稳定。通常十字规线应放在产品切口旁边(成品规格以外),其中,横线是用作上下(纵向)的套印规矩,而竖线是用作来去(轴向)的套印规矩,只要各色版规线套印了,印版图文也就基本套印了。所以,十字规线也可用于检查各印张的规矩、定位是否准确一致,可抽出部分半成品,将纵向纸边叉开微量,并撞齐咬口纸边,观察上下规线是否准齐,就可检查印张

纵向印刷准确与否;拖梢部位的横向纸边又开微量,撞齐拉规纸边,可检查印张轴向方向的印刷是否准确。图30 中,十字规线的标注目的是方便出菲林时候对齐版式,使版式内容更完整。

## 5.4 **色彩的标示**

什么是色彩的标示? 色彩标示对版式印刷有什么作用? 这就是本小节要学习的内容。

美国印刷工业协会对色彩的标示下了这样的定义,"用来测量如网点的扩大、密度、重影、双影、反差和套印等印刷品性质的检测用条状样品"。色彩的标示又被称为色标、色彩向导或色彩控制条,是对印刷品在印刷过程中的一个色彩的检测。

人的肉眼可以辨别 1,000,000 种颜色,但是对于大多数人来说,只能辨别大约 20,000 种颜色。印刷原色大约可以复制 4000 多种颜色,虽然可以用采集密度计测量出这 4000 种色彩,但是过程非常麻烦,而且成本较高。有了色标,印刷人员可以只针对色标上的一些代表性色彩进行颜色检测,这样可以使印刷工作人员理解在印刷中可能出现的颜色复制问题。

色标的使用可以使人们更准确地运用色彩。虽然,个别印刷人员认为色标用处不大,认为色标会造成裁切时纸张的浪费,然而由于色标具有测量和检测功能,故色标的使用能确保生产的质量更稳定,效率更高,见图31~ 图33。

图32_印刷色标(2)

图30_十字规线

图31_印刷色标(1)

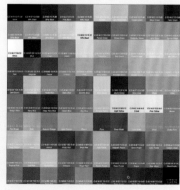

图33_印刷色标(3)

## 5.5 文字与图片输出要求

版式设计中，文字与图片的输出是非常重要的，直接影响着整个版式的阅读性、视觉传达及信息的传递等。在完成印刷刊物之前，应将文字与图片在电脑中输出，下面我们来对文字与图片输出时的注意事项加以分析说明。

文字在输出之前，应确认文字的准确性，确认无误以后对文字进行输出前的转化，使文字图形化，避免在其他电脑上打开时因为缺少字体而造成信息丢失，或者影响整个版式效果。除了上述的处理方式，也可在 InDesign 软件中执行"文件 > 打包"命令，将文件包括字体打包在指定文件夹中，见图34~ 图35。

图片在编排过程中为了确保其清晰度，分辨率一般保持在 300dpi 以上，如果图片分辨率过低，印刷出来的效果就会很模糊，见图 36 和图 37。图片在输出的过程中往往会产生压缩，降低图片分辨率，因此在输出图片的时候应存储为 TIF 格式，不要压缩图片。在图片输出的时候应按照印刷机的标准输出，统一采用 CMYK 模式，不能采用 RGB 模式。图片的输出格式也可以采用 JPEG 格式，但压缩比必须高于 8，不然就会影响清晰度。图 38 是采用合适的分辨率、文件格式和颜色模式输出的效果。

对于距读者较远的图片采用喷绘方式，统一使用 CMYK 模式，不可以采用 RGB 模式。喷绘根据尺寸的不同，分辨率可以在 20dpi~150dpi 范围内波动,总之要保证画面的实际应用效果。

图34_执行打包操作示例图（1）

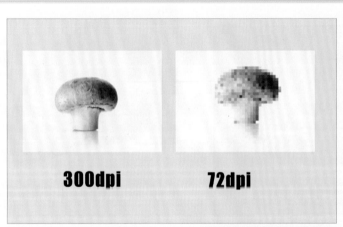

图36_图片输出分辨率设置示例图（1）

图37_图片输出分辨率设置示例图（2）

图35_执行打包操作示例图（2）

图38_合适分辨率、文件格式及颜色模式下的输出画面

## 5.6 前期制作

随着科技的发展，人类的艺术创作也逐步向多元化发展。版式设计的技术手段得到极大的进步。了解计算机对版式设计的影响、版式设计的相关软件以及设计流程的前期相关知识，对我们进行版式设计很有帮助。

### 5.6.1 计算机应用中的版式设计

计算机给人类生活带来一系列戏剧性变化的同时，也以其独特的魅力给版式设计带来了无限的空间。

计算机在版式设计上的应用，主要是缩短了原来的手工设计所耗费的时间，由于计算机硬件发展迅速，出现了一系列崭新的、功能强大的设计软件，使版式设计人员不仅能够大量缩短版式制作的时间，同时也开拓了一个全新的利用计算机从事创意设计的天地，给设计人员的思维带来更多的创意与构思。

### 5.6.2 版式设计软件

应用各类软件进行版式设计是当今社会设计的主流，版式设计涉及到的相关软件包括InDesign、Photoshop、Illustrator、Painter、Corel-DRAW等，见图39。

InDesign是一款定位于专业排版领域的全新软件，给复杂的设计工作提供了一系列更完善的排版功能。图40是使用InDesign设计的版式。

Photoshop拥有丰富的工具和强大的图像处理能力。图41是使用Photoshop处理的广告设计中的图片。

Illustrator是世界标准矢量绘图软件，可制作极具视觉效果的图形。

Painter作为先进的手工绘图软件，在图像合成、二维绘画等方面有不俗的表现，见图42。

CorelDRAW在图像制作、设计及文字编辑方面表现出色。

### 5.6.3 InDesign版式设计流程

以下对InDesign软件进行版式设计的相关流程进行介绍。

首先需要根据设计主题进行构思，将文案中多种信息做整体编排设计，绘制各种草图，有助于主体形象的建立；其次应该选择合适的素材，使版式设计的视觉与主体思想相符合；最后利用软件对整体布局进行强化，例如整体的组织结构、方向视觉秩序等，完成整个版式作品的制作。

图39_版式设计时使用的各种软件

图41_使用Photoshop处理广告设计中的图片

图40_使用InDesign设计的版式

图42_使用Painter进行插画设计

## 5.7 **后期印刷**

版式设计中，文字与图片的输出质量是非常重要的，直接影响着整个版式的阅读性、视觉传达及信息的传递等。在完成印刷刊物之前，应将文字与图片在电脑中输出，下面我们来对文字与图片输出时的注意事项加以分析说明。

### 5.7.1 拼版印刷

拼版是指出版物印刷以前对页面进行安排，是印刷中的专业术语。拼版图是制作印刷品的图文计划，对文稿、插画以及其他成分的排列位置进行显示。在对印刷品进行折叠、裁剪之前，出版物单张的页面是按照拼版的方法拼合在一张全开或全开的纸面上的。

拼版图对设计师来说非常重要，它可以让设计师一目了然地安排印刷的颜色以及帮助设计师选择纸张，还能作为一个辅助工具帮助设计师最大化地降低设计成本。

### 5.7.2 校对菲林色彩

菲林都是黑色的，菲林的边角一般有英文编号，标明该菲林是C、M、Y、K中的哪一张，表示这张菲林以哪种颜色输出。

校正菲林颜色，可以通过印出一个颜色就打一个色条，依次来检查该颜色在出菲林的过程中各个密度阶梯上晒制的情况，一般打出排列整齐的四个色条。大多数颜色都是靠这四色组合得来，通过观察C、M、Y、K的比例，再通过四色印刷油墨打印。

### 5.7.3 装订方式选择

装订所涉及到的工艺技术非常广泛，任何一种能够把纸张合订起来形成书籍、杂志、手册等出版物的方法都是一种装订方式。面对多种多样的装订方式，设计师应该先从作品的功能角度来选择合适的装订方式，同时需要充分考虑装订方式对设计作品所产生的视觉效果以及装订的耐用性和成本等各方面的因素。

不同的装订方式对出版物的耐用性有直接影响，一般来说利用锁线和破脊工艺进行胶装比普通胶装更加牢固耐用。

骑马订是最简单且应用最广泛的装订方法之一。它是将书的封面与书芯配成一册，骑在机器上，沿书脊折缝将其装订成书。这种装订方法最适

合小册子、手册、photobooks等一类的小型出版物。页码必须是4的倍数，这样才能做出折叠的小册子。

平钉，即铁丝平钉，是将印好的书页经折页、配帖成册后，在钉口一边用铁丝钉牢，再包上封面的装订方法。用于一般书籍的装订。

法式折是将每张单页纸对折，然后将开口的一边装订起来。书页按这种方法折叠起来后，既可以用胶水将其粘合起来，也可以用螺旋圈、穿洞或缝合的方式将其装订起来。

无线胶装是使用胶水装订的一种形式，常用于平装书，杂志，企业报告，说明书，手册和年度报告。无线胶装是用胶水将印刷品的各页固定在书脊上。优点是具有通用性，能够创造出一个可供印刷的书脊，可以满足出版物全面的视觉诉求，见图43。

除此之外还有螺旋钉、锁线钉、塑料线烫钉等多种装订方式，适合于不同的书籍类型，见图44~图46。

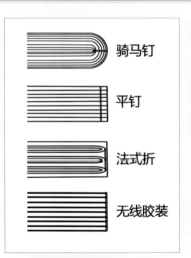

图43_装订方式示意图

图44_书籍装帧（1）

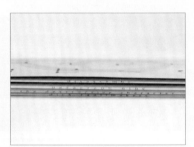

图45_书籍装帧（2）

图46_书籍装帧（3）

# 教学实例

## 不同的版式印刷要求及不同材质的纸张会表现出不同的版式视觉效果

通过对版式设计的版式印刷要求的学习，了解了版式设计中版式的运用及版式输出的基本要求。根据书籍版式出血的运用与版式纸张的选择，了解版式设计中对于出血与纸张的实际运用所产生的版式视觉效果。

### 实例 1 书籍版式的出血分析

书籍属于印刷品之一，根据版式的需要选择适当的开本形式，有助于更好地完成信息传达，给人视觉上的美感。在版式印刷过程中，出血是非常重要的。图 47 是一家居书籍版式，在页面的四周都留有 3mm 的出血，版式中图片与文字编排整齐，与出血线保持至少 5mm 的距离，避免了因裁切失误而造成的版式信息丢失。图 34 是裁切后的版式，文字与图片编排整齐，版式信息完整，能够很好地进行信息传达。

图 49 中，图片地编排刚好对齐出血线，是大家较容易犯的错误，在裁切的时候也许会存在很小的误差，造成版式的不协调。图 51 是裁切后的版式，可以看到版式中出血图的上方与左侧都出现了白色边框，从而影响到整个版式的协调性，使版式失去美感。

在编排文字的时候要注意与出血线的距离，图 51 中，文字编排距出血线的距离过小，在裁切后造成版式信息的丢失，见图 52。

图47_书籍版式（1）

▲ 版式中红色线代表出血线，红色边框以内是该书籍的裁切后的版式。

图48_裁剪后

图49_书籍版式（2）

▲ 为了避免裁切时候出现误差，在编排版式的时候要按照本书讲解的出血规定编排文字与图形，从而保证版式的完整性。

图50 裁剪后

图51_书籍版式（3）

▲ 在编排版式的信息的时候，注意版式中的文字与图片，要与出血线保持至少5mm的距离，从而保证版式信息的完整性。

图52_裁剪后

## 实例 2 印刷品纸张的运用

在完成一件印刷成品的过程中，纸张的选择是非常重要的，选择适当的纸张有助于传递信息，给人新颖的视觉效果。图 53 是一美食餐厅下午茶的宣传 DM 单设计，作为四色印刷品，需要一定的媒介才能传达信息，因此，在编排版式的时候，要明确该版式编排完成后采用什么样的纸张印刷，选用合适的纸张能更好地完善版式，从而使版式具有生气。如果采用不恰当的纸张印刷，不仅不能很好地传达信息，还会造成整个版式达不到预想的效果。下面对该版式中采用的两种不同的纸张印刷效果进行分析。

由于食物的特殊属性，在版式中常常以精美的餐具与美食搭配编排版式，颜色鲜亮，体现美食诱人的色泽。在图 54 中，该版式采用了铜版纸印刷，使版式色彩具有光泽，文字信息突出，体现了美食色彩艳丽的视觉效果，有助于画面视觉效果的传达。铜版纸在美食类的平面版式设计中运用广泛，版式具有强烈的光泽感。

图 55 中，该版式采用了牛皮纸印刷，使版式文字与图片显得很不协调。牛皮纸属于特殊纸的一种，一般用于古典怀旧的版式中，见图 56。该版式是一张威尼斯旅游宣传的 DM 设计版式，运用牛皮纸印刷，使该版式给人古典尚雅的心理感受。因此，运用牛皮纸在美食的版式中显得不恰当，不能很好地完成信息的传达。

因此，选用适当的纸张进行版式印刷，是版式设计后期重要的步骤，也是在做版式设计之前应该考虑到的问题。

图53_美食DM单（1）

▲ 在版式设计中，为了更好地进行视觉传达，在纸张选择上应多加考虑。选择适当的宣传媒介能更好地传达信息。

图54_美食DM单（2）

图55_美食DM单（3）

图56_旅游DM单（4）

# 课后练习

1. 通过对版式设计与印刷的学习，结合对版式开本、版式出血与图片输出等知识，进行杂志版式设计。

创意思路

根据前面学习的版式设计对版式及印刷的要求，在编排版式的时候，要选择合适的开本方向与开本大小进行版式设计，注意版式出血与图片的选择，对信息进行编排设计。要求版式主题突出，层次清晰，达到传达信息的目的。

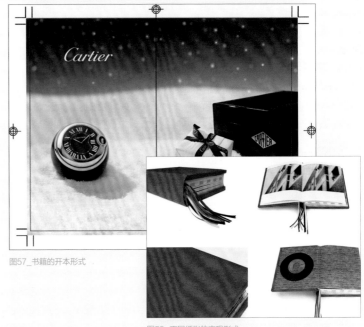

图57_书籍的开本形式

图58_不同纸张的表现形式

2. 通过对版式设计与印刷的学习，按照版式设计中对图片的选择要求，选择适当的图片进行报纸广告版式设计。

创意思路

根据对图片分辨率的学习，在编排版式的时候应该首先对图片的分辨率大小进行选择，以免分辨率低的图片会影响到整个版式的视觉传达效果。其次，图片输出的过程中，应选择图片为 CMYK 模式，以免在印刷中出现色差，影响版式视觉效果。要求在版式中不要出现分辨率低或偏色的图片，要求整个设计版式信息完整，层次清晰，能够明确地传达信息。

图59_报纸版式设计

图60_报纸版式设计

# CHAPTER 6

## 版式设计的具体运用

本章主要对书籍版式设计、报纸版式设计、杂志版式设计、招贴版式设计、DM版式设计、网页版式设计等进行介绍。通过本章节的学习加深读者对各种版式设计的认识，提高具体版式设计的应用能力。

▌课题概述

本章通过对版式设计在书籍、报纸、杂志、招贴、DM和网页版式中的编排方式以及表现手法的学习，了解版式设计在不同传播媒介中的具体运用。

▌教学目标

通过学习，对版式设计在不同媒介中的编排方式进行深入了解，并能熟练地运用到实际版式设计中。

▌章节重点

了解版式设计各个元素的具体运用，并注意在不同媒介中的表现手法。

# find
# room
# shoes

室で過ごす時間にくつろぎを与えてくれるルームシューズは、
季節や気分に合わせて使い分けたい。
床材との相性を考慮すれば、さらに奥深い美しさも得られる。
今回はベーシックで機能的なタイプや、
オリエンタルテイストの色鮮やかなアイテムに加え、
ドアストッパーやシューホーンなど、
エントランスを彩る製品を併せて紹介。

Photographs : Nacasa & Partners
Styling : I'm home.

## 6.1 书籍版式设计

书籍是人类迈向文明社会的阶梯，作为传达信息的载体，随着社会文明的不断提高，人们对书籍版式设计的要求越来越高。版式设计能带给人们阅读时美的享受，能更好地传达信息。

### 6.1.1 书籍版式设计的特点

书籍的样式虽然有很多类型，但是大多数书籍都是以文字为主要构成元素，而这些元素都是通过版式设计组成完成。在学习书籍版式设计之前，首先应对书籍的各个部分的名称作一些了解，见图1。

书籍的主体通常由文前、正文、后附构成。下面我们分别进行分析说明，见图2~图4。

（1）文前

文前一般包括致辞、谢辞、序言、目录等，是正文之前的内容的总称。其中，"致辞"是主要表达对特定人员致意的文字；"谢辞"是表示感谢的文字；"序言"是作者对书籍内容的总体说明文字；"目录"是为了使读者在阅读的时候能清楚地了解书籍的主要内容，可以准确地找到自己想了解的信息而设定的。

（2）扉页

在书籍版式设计中，根据内容的不同，扉页分为前扉、正扉、中扉、篇章页四种形式。扉页一般以简单的文字记录书籍、作者、出版社等信息，扉页的背面一般采用白纸。

（3）正文

除去前言与后附，书籍的主要部分就是正文。编排正文的时候要注意确立版心的大小，版心影响着整个书籍版式的平衡感。在正文中要注意图片与文字的编排，增强文章的可读性。

（4）后附

所谓后附，就是包括后记、参考文献、索引、版权页、广告等放在正文最后的所有内容的总称，主要是对整个书籍内容加以说明与总结。

图2_书籍结构

图3_目录

图4_扉页

图1_书籍各部分的名称

## 6.1.2 封面的版式设计

封面是书籍整体形象的塑造与表现，具有保护、传达书籍内容的功能，同时起着美化书刊和保护书芯的作用。

设计者要想设计一个让人耳目一新而又充分体现书籍内容的封面，首先需要将文字、图像、色彩等各种设计元素进行合理的排列组合，运用夸张、比喻、象征、抽象或写实的表现手法，使封面具有吸引读者注意的视觉效果。

封面设计主要由书籍信息传达的内容而决定，并不是独立存在的。封面设计对书籍的影响很大，好的封面设计不仅可以吸引人们注意，让读者产生想阅读的心情，而且对书籍的社会形象有着非常重大的意义，见图5。

封面中主要有书名、编著者名、出版社名等文字，在设计封面的时候应注意封面与内容是否统一，封面上文字与图片是否与内容相协调。成功的封面设计必须具备以下几个要素。

1）突出封面的书名，增加书名的识别性，合理编排设计元素，形成独立的风格，打造品牌形象，见图6。

2）封面的编排必须与刊物内容统一，起到引导的作用。图片和文字的编排、色彩的运用都要与内容相协调，见图7。

3）根据书籍的性质和内容来确定封面的整体形象，选择适合的设计风格来表现该封面，见图8。

4）编排版式时应注意文字的主次关系，突出主题。图片与文字的结合使版式层次清晰、整洁不杂乱，见图9~图11。

图5_杂志封面与内页设计

图6_封面设计（1）

图7_杂志封面

图8_封面与内页设计

图10_封面设计（2）

图9_杂志封面设计

图11_封面设计（3）

封面设计是将内容信息进行多层次的组合,使版式具有秩序性的美感,对知识与信息进行结构化的处理,浓缩了书籍的主要内容。

在进行封面设计时,需要遵循平衡、韵律与调和的构成规律,突出主题,大胆设想,运用构图、色彩、图案等知识,设计出优美、典型,富有情感的封面。封面设计就好比一个信息储备箱,既保证了版式的整体美感,又保持了完整的主题思想。通过对书籍版式编排方式的学习,下面我们来了解一下封面设计的三种表现形式。

1)学术书籍的封面表现形式。一般在封面上只出现书名、著作名、出版社名等文字,采用一种或者两种色彩编排设计,版式呈现简洁、规整的效果,见图12。

2)时尚杂志以及娱乐性书籍的封面表现形式。要以最直接的方式表达书籍的特征,反映书籍的内容要点。一般采用摄影图片作为设计要素,文字与图像以简洁明快的方式编排在版式上,使版式具有层次感,见图13。

3)艺术类图书与文化修养读物的封面表现形式。将文字、图形、色彩以及材料等版式构成元素进行综合性的版式编排设计,使版式具有独特的风格,见图14~图16。

书脊是封面设计中重要的组成部分,虽然书脊在版式中所占面积不大,但却是与读者见面次数最多、时间最长的部分。书架上的书大都是以书脊版式展示在读者面前的,因此,在设计封面的时候,应注意书脊的文字与图像的编排,要简洁、明了地表达书的内容,文字清晰可见,具有强烈的视觉冲击力,一般书脊上都是以书名为主要表现对象,以书名吸引人们的注意,见图17~图19。

图12_学术书籍封面设计

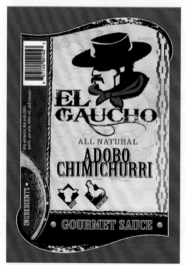

图15_艺术图书封面设计(1)

图17_书脊设计(1)

图18_书脊设计(2)

图13_时尚杂志封面设计

图16_艺术图书封面设计(2)

图19_书脊设计(3)

图14_艺术杂志封面设计

### 6.1.3 内页的版式设计

书籍或杂志与单页设计版式有所不同，在书籍版式中，必须考虑页与页之间的连贯性，进行统一的设计。通过对书籍封面知识的学习，下面我们来学习如何编排好一本书的内页版式。内页是一本书的核心部分，内页版式的设计直接影响读者阅读的心情与信息传达的效果。因此，在编排书籍内页的时候要做到以下几点。

（1）开本的选择

在决定所采用的开本类型的时候，需要考虑印刷品的特征以及定位（详见本书第5章开本的认识）。对于杂志类书籍来说，既要注重视觉形式，又要包含大量的信息，需要选择较大的开本形式。以文字信息为主的书籍，如小说的开本选择方面，就需要考虑携带方便和保存，应选择较小的开本，见图20~图21。

书籍摆放在书架上的状态是非常重要的，特殊规格的开本给人新颖的视觉效果，容易在众多书籍中脱颖而出。但那些采用同一规格开本的书籍，会给人留下系列书的印象。在市面上常常能见到的书籍的开本大小为A5开本或者B6开本，文本库图书一般采用A6开本，见图22~图24。

在选择书籍开本大小的时候，还应该考虑到装订成册或装订成书时的页面空白。对于页面较多的印刷品来说，考虑到装订成书过程中的折叠与裁切是非常重要的。书籍装订的方式不同会影响整本书籍的阅读，在页数较多的书籍中，有必要考虑每一个折页的顺序，从而调整页面间的空白，依次增加1mm的页面宽度。如图25，设计师考虑书籍开本，决定页边的留白空间以及页面的排版安排。

图21_开本效果

图22_书籍开本

图23_杂志开本（1）

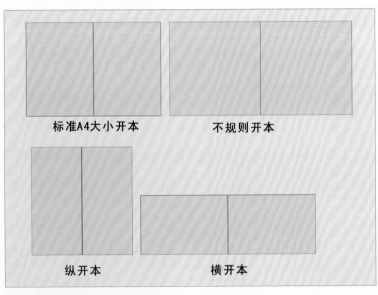

图20_开本类型

标准A4大小开本　　　不规则开本

纵开本　　　横开本

图24_杂志开本（2）

▶将订口部分的图片调整为原图宽度的两倍大小，这种处理方式叫DoubleTrimming。这是解决由装订造成订口部分阅读不便的有效方法，在选择书籍开本的时候，应注意这个问题。

图25_书籍订口决定开本大小

（2）版心的设置

版式中除去天头、地脚以及四周的空白，所留下的编排页面正文与图片的位置就是版心。书籍的版心大小是由书籍的开本决定的，版心减小，版式中的文字数也会随之减少，版心过大，会影响整个版式的美观。版心的宽度与高度的具体尺寸，要根据正文中文字的具体字号与文字的行数与列数来决定。书刊的行距主要是指行中心线与行中心线的距离。行与行之间的空白称为行间。书刊的行间主要表现为 1/2、5/8、3/4 几种形式。图26是以大度16K为例，列出了不同字号、不同行距的不同版心尺寸示例图。

一般的软件书籍属于教学类书刊，通常采用较大的开本编排版式，在版心设置上也采用大开本形式，版式饱满、信息丰富。这类书籍的文字与图片都较多，加大版心可以降低书籍的页数，从而达到降低成本的目的，见图27~图28。

（3）网格的设置

网格主要包括栏状网格与单元格网格（详见第4章网格的类型）。在书籍版式中，网格的设定可以稳固版式，使版式具有连贯性。以网格的形式编排的书籍内页，使页与页之间产生连贯的效果，方便读者阅读。

通栏网格与分栏网格的运用。通栏就是以整个版心的宽度为每一行的长度，在书籍版式设计中运用较为广泛。还有些书籍，如期刊杂志，由于版心较大，为了缩短字行，在编排版式的时候采用分栏的结构，根据版式的需要可以分为两栏、三栏，甚至多栏，见图29~图31。

图27_教材类书刊版心划分

What Are the Risks of Smoking [1]Before Dr. Luther L. Terry, then the Surgeon General of the United States, issued his office's first "Report on Smoking and Health" more than 30 years ago, thousands of articles had already been written on the effects of tobacco use on the human body.

[2] Tobacco companies had countered the reports-- which purported to show links between smoking and cancer and other serious diseases--with denials and competing studies.

[3] So in 1964, Terry and his Advisory Committee on Smoking and Health knew they were stepping into a major pit of controversy when they announced "cigarette smoking is a health hazard of sufficient importance in the United States to warrant appropriate remedial action".

[4] It was America's first widely publicized acknowledgment that smoking cigarettes is a cause of serious diseases.

[5] But the issue wasn't settled in 1964, nor is it settled

图30_通栏网格版式

| 开本 | 开本尺寸（毫米） | 版心尺寸（毫米） | 正文字号（号） | 每页行数 | 每行字数 | 行间距（磅） | 每页字数 |
|---|---|---|---|---|---|---|---|
| 大16 | 210×297 | 180×260 | 五号 | 47 | 48 | 5.25 | 2256 |
| 16 | 188×265 | 135×210 | 三号 | 22 | 24 | 10.5 | 528 |
| 16 | 188×265 | 141×200 | 三号 | 24 | 25 | 8 | 600 |
| 16 | 188×265 | 141×210 | 四号 | 25 | 29 | 10.5 | 725 |
| 16 | 188×265 | 140×210 | 小四号 | 27 | 35 | 10.5 | 945 |
| 16 | 188×265 | 140×208 | 小四号 | 30 | 33 | 7.875 | 990 |
| 16 | 188×265 | 140×194 | 小四号 | 30 | 33 | 6.5625 | 990 |
| 18 | 188×265 | 148×208 | 小四号 | 31 | 35 | 7.25 | 1085 |
| 16 | 188×265 | 148×207 | 小四号 | 32 | 35 | 6.5625 | 1120 |
| 16 | 188×265 | 140×207 | 小四号 | 33 | 35 | 6 | 1089 |
| 16 | 188×265 | 148×211 | 五号 | 29 | 40 | 10.57.87 | 1160 |
| 16 | 188×265 | 148×211 | 五号 | 33 | 40 | 5 | 1320 |
| 16 | 188×265 | 141×210 | 五号 | 34 | 38 | 7.25 | 1292 |
| 16 | 188×265 | 141×209 | 五号 | 38 | 38 | 5.25 | 1444 |
| 16 | 188×265 | 155×220 | 五号 | 40 | 42 | 5.25 | 1680 |
| 16 | 188×265 | 153×218 | 小五号 | 46 | 48 | 4.5 | 2208 |

图26_版心尺寸示意图

图28_版心大小对比

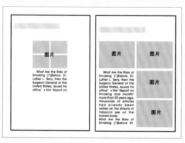

图29_分栏网格版式（1）

图31_分栏网格版式（2）

（4）文字的编排形式

书籍正文的编排设计必须依照书刊的内容，例如政治类的刊物应该严谨端庄；文艺类的刊物要清新高雅；生活消遣类的刊物要活泼，具有生活乐趣。不同类型的刊物，在版式编排上要采用不同的处理方式。编排书籍正文所采用的网格，也要作不同的处理。书籍版式设计中，对正文的编排方式主要表现为两种类型。

1）横排和直排编排方式。横排的编排方式主要表现为文字从左到右排列，行序从上到下排列；直排方式是文字从上到下排列，行序从右到左排列，见图 32~ 图 33。

2）密集型与疏散型编排方式。密集型编排方式是文字与文字间没有空隙的排列方法，一般小说的正文多采用密集型的编排方法；疏散型编排方式是加大字距、行距空隙的编排方法，大多用于少儿读物或是教科书，具有通俗易懂的功效，见图 34。

（5）页眉、页脚和页码的设置

页眉、页脚和页码是在版心上方、下方起装饰作用的图文；页码可根据放大需要放于页眉、页脚，或是切口位置。在书籍版式中，页眉、页脚以及页码是小细节，能使整个版式达到精致和完美的视觉感受，成为版式设计中的一大亮点。页眉、页脚具有统一性，在书籍版式中，设置页眉、页脚可以使页面之间更连贯，形成流畅的阅读节奏，见图 35~ 图 38。

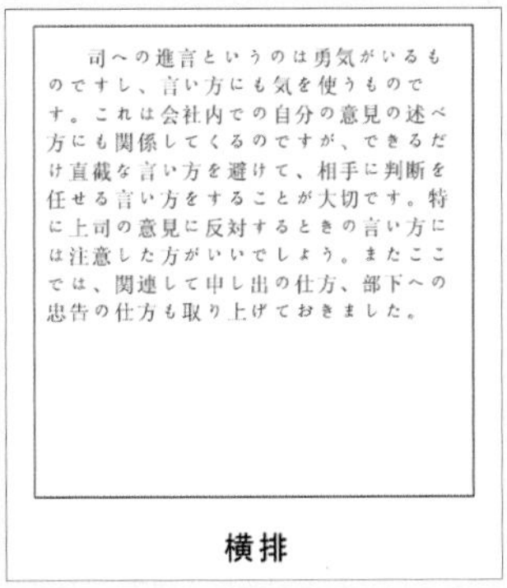

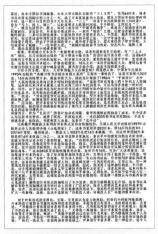

司への進言というのは勇気がいるものですし、言い方にも気を使うものです。これは会社内での自分の意見の述べ方にも関係してくるのですが、できるだけ直截な言い方を避けて、相手に判断を任せる言い方をすることが大切です。特に上司の意見に反対するときの言い方には注意した方がいいでしょう。またここでは、関連して申し出の仕方、部下への忠告の仕方も取り上げておきました。

横排

图32_文字的横排编排形式

司への進言というのは勇気がいるものですし、言い方にも気を使うものです。これは会社内での自分の意見の述べ方にも関係してくるのですが、できるだけ直截な言い方を避けて、相手に判断を任せる言い方をすることが大切です。特に上司の意見に反対するときの言い方には注意した方がいいでしょう。またここでは、関連して申し出の仕方、部下への忠告の仕方も取り上げておきました。

直排

图33_文字的直排编排形式

图34_文字的密集型编排

图35_页眉页脚和页码的设置

图36_页码设置

图37_页眉设置

图38_页脚设置

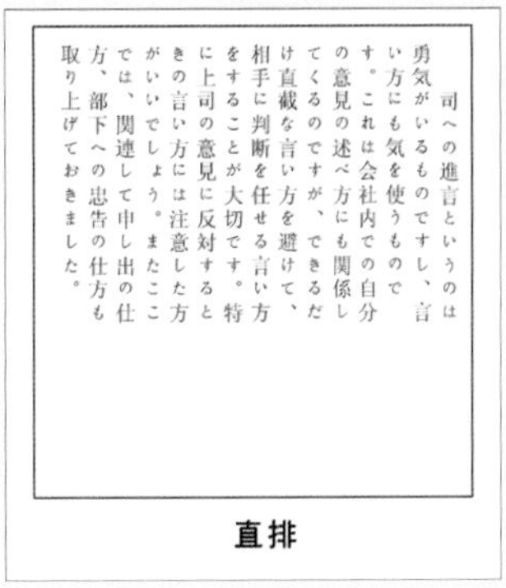

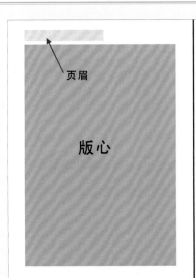

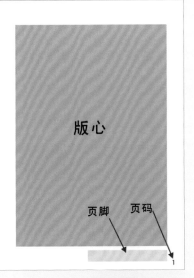

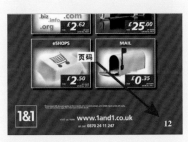

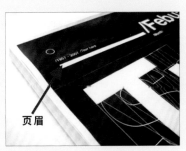

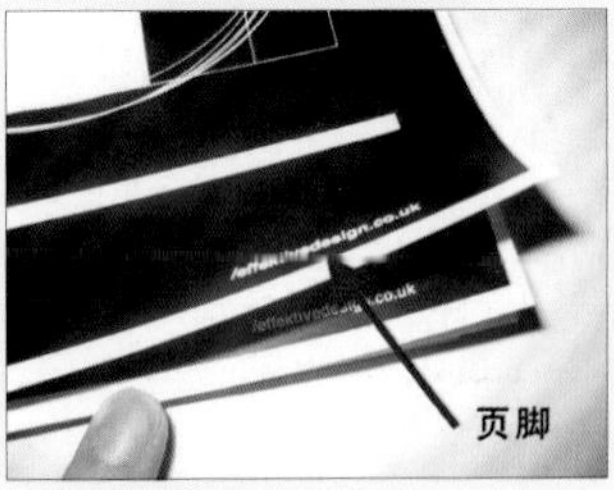

## 6.2 报纸版式设计

报纸作为信息传达的主要媒介，在版式设计上越来越具备审美要求。报纸具有广告信息容量大、内容丰富、分类广告简洁实用等特征，在传达信息的同时给人美的感受。

### 6.2.1 报纸版式设计的特点

报纸的版式变化十分丰富，因为报纸的版式节奏非常快，要在有效的空间内放入尽可能多的信息，并通过易于理解且引人瞩目的方式进行视觉传达，这就是报纸版式设计的主要特点。

报纸版式的流行趋势及设计风格追求统一规整中又有变化，强调版式视觉中心。由于报纸版式信息量较大，

为了使信息有秩序地编排在版式上，大多数报纸采用了分栏的形式编排版式。利用分栏的版式结构，文字按照栏和列的形式进行编排。分栏使版式尽量减少穿插交错，形成独立的版块，既可以帮助读者理解信息，而且可以减少阅读疲劳，避免阅读时发生错误，加快阅读速度，见图39。

近几年来，报纸版式中图片的采用越来越频繁，报纸广告就是其中最主要的图片。在报纸版式中插入广告必须得有一定的覆盖面，在编排报纸广告的时候根据需要，可以在保持整体结构、风格不变的情况下调整大小。系列广告图片编排时要注意保持整体风格的统一，还要注意其形状及方向。同样形状的广告版式，编排形式应基本相同，如果图片发生变化，就要适

当的对文字大小、字距、行距进行调整。报纸版式中应注意文字的主次关系，图40~图41。

图40_报纸版式图片排列（1）

图41_报纸版式图片排列（2）

图39_报纸的网格结构

▲ 报纸版式设计中，采用网格的形式进行编排，使版式统一、层次清晰、主题突出，具有明确的阅读节奏。

## 6.2.2 颜色模式的选择

从人体视觉对颜色的敏感度来看，彩色的记忆效果是黑白的 3.5 倍，因此彩色报纸比黑白报纸更能吸引人们注意。每张彩色报纸都有自己本身的色彩基调，从而体现报纸的办报理念、市场定位与独有的版式风格，色彩的使用使报纸版式打破了常规的黑白的严肃版式，使报纸版式具有活跃性，见图 42~ 图 43。

报纸在色彩的运用上应该注意合理搭配，并不是对报纸添加了色彩就是彩色报纸。不少设计者在色彩的使用上很容易犯几个错误。

1）滥用色彩。把各种漂亮的色彩都涂抹在版式上，标题、报头、正文弄得五颜六色。这样的报纸没有主色调，让人不能安心阅读，给人杂乱的感觉，造成视觉疲劳。

2）怕用色彩。因为担心色彩的搭配不当而只采用彩色图片，这样的报纸仅仅比黑白报纸多了几张彩色的图片而已。

因此，在报纸版式编排中，色彩的合理搭配是非常重要的，应该注意到色彩的统一性，这样可以使版式更具有整体感。首先，根据报纸的内容确立版式的风格。其次，根据确立的风格选择版式的使用的色彩，给版式确立一个主色调。所谓主色调就是占整个版式 60% 的色彩。最后，再根据版式的需要搭配一些邻近色或提点色，使版式具有协调感。报纸属于印刷品类的一种，在色彩的选用上采用 CMYK 模式，以确保版式印刷的准确色彩效果，见图 44~ 图 45。

图44_彩色报纸色彩运用（1）

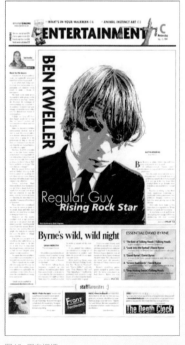

图42_黑白报纸

图43_彩色报纸

▲ 黑白报纸给人严肃、庄重的视觉感受，认人阅读的时候很平静。彩色报纸版式具有活力，层次感强烈，属于比较人性化的设计，让阅读更具有节奏感。

图45_彩色报纸色彩运用（2）

### 6.2.3 标题及文字的设计

为了让读者从报纸中得到信息和美感，就要发挥文字设计的艺术表现力效果，做到有针对性、突出性和艺术性。

根据报纸信息的归类可以看出，报纸是以标题为基础进行选择性阅读的。人们通过对标题的感觉决定是否进行全文阅读，因此标题在报纸版式中有着重大的作用。

一个视觉性强、有特殊个性的标题，能使读者眼前一亮，把所有注意力都集中在标题上，激发读者阅读的欲望。

标题具有主次之分，报头是报纸最大的标题，也是报纸的脸面，人们在报摊前搜索报纸，主要是通过报头的吸引程度来选择报纸的。因此报头设计应具有强烈的视觉冲击力，从而达到吸引读者的目的。在标题的设计中应注意留白，适当的空间留白不仅可以起到强调标题的作用，而且使版式具有节奏感，减轻视觉疲劳感，见图46~图47。

文字是报纸传递信息的主要元素，文字在报纸版式中的编排与构成，直接影响着整个报纸版式的阅读效果。报纸一般使用专门的字体编排文字，比如宋体就是典型的报纸排版字体。

在一个报纸版式中，除了标题以外的正文字体一般最好不要超过三种，以免造成版式字体混乱，造成视觉疲劳影响阅读。标题文字一般采用大而粗的字体，起到醒目的效果。

报纸的文字可以根据版式需要选择不同的色彩。一般情况下，字体颜色的变化主要体现在报名和各条新闻稿件标题字上。报纸版式中的文字以块状的形式编排在版式中，形成不同的小块，使阅读节奏和版式层次清晰，见图48~图49。

图46_标题及文字的设计

▲ 标题的字体与色彩关系影响着整个版式的视觉效果，标题在报纸版式中有明确的主次之分。在上面两张报纸版式中可以明确地看出左图比右图更具有吸引力。在文字的编排过程中，注意标题与正文的字号对比，文字尽量采用整齐、工整的排列方式。

图47_报纸的标题与文字设计

图48_标题及文字的设计（1）

**ON THE WHOLE PEOPLE TO QUIT SMOKING**

The two Zerosmoke magnets, when positioned opposite one another on a determined part of the ear, are attached to one another and exert prolonged, programmed, stimulating pressure that activates the neuro transmitters and removes the desire to smoke.
They are covered with gold, both because it is the best conductor found in nature and because, being a noble, precious metal, it does not cause any kind of allergy.

the method is completed by a manual containing the instructions for use and a guide to the first month as a non-smoker, developed by the

图49_标题及文字设计（2）

▲ 在文字的编排过程中，注意标题与正文的字号对比，文字尽量采用整齐、工整的排列方式。

114

由于报纸发行量大，尤其是新闻性报纸，其覆盖面积涉及众多读者，而且每份报纸都有自己的发行网与读者对象，新闻标题使报纸能够充分发挥其大众传媒的功用。

用标题字号表现新闻价值是国际通用的重要手段，因此，一则新闻应该采用多大的标题，无疑是其重要程度的体现，一般来说，版式中头版的标题文字最大。但是过分强调标题往往会造成内容的空洞感，只见标题不见文章的夸张手法，对于打响刚成立的新品牌可以起到很大的作用，但是不适用于希望树立长久的品牌形象的报纸类型，见图50。

据新闻学者研究指出，《纽约时报》基本上每隔20年对版式进行一次版式改版，但是头版的变化始终不是很大。其主要原因在于，头版是一份报纸的招牌形象，是一种报纸区别于其他报纸的重要因素，是报纸特色最直接的体现。

《纽约时报》以一种浓重直列式的特色和文章前后呼应的头版，相对于当今社会中的模块报版，是很独特的。《泰晤士报》报名下面有一块深色的导读区吸引人们的视线。这些头版的编排方式之所以容易被人们识别并形成品牌形象，其主要原因在于版式的独特性和稳定性，通常是一经确认就常年不换的。

图51~图52中，虽然在整个报纸的版式结构做了很大的调整，但是报纸的头版仍然保持着大体不变，对于常阅读这份报纸的人群不会造成陌生感。

从图53~图56中可以看出，版式新闻在不断地变化，但是整个报纸的头版始终保持着固定的版式，这样更利于树立品牌形象。

图50_报纸版式中标题突出

图51_报纸版式标题的品牌形象（1）

图52_报纸版式标题的品牌形象（2）

图53_报纸版式标题的品牌形象（3）

图54_报纸版式标题的品牌形象（4）

图55_报纸版式设计（1）

图56_报纸版式设计（2）

## 6.2.4 栏型报纸版式

栏型，也称为基本的模块形式，是版式中栏与栏之间的规整方式。中国传统的报纸版式在纵向上一般都分为8栏，每一栏的宽度大概为13个字节。经过实践得出13个字一行的宽度是比较容易阅读的。但是在实际的版式编排中，报纸的版式具有很大的灵活性，每版8栏的分栏方式并不是完全固定的，可以根据版式需要进行版式栏数的划分，可以将其中4栏合并成2栏叫"四破二"，也可以将4栏细分为5栏叫"四破五"。所以在一份报纸版式中，常常采用不同的分栏方式，即使在同一版式中，也同时存在着几种不同的分栏形式，见图57~图58。

栏型的规则化处理，是整个报纸版式在视觉上的完整性体现。过于多变的分栏方式，并不利于读者形成对一份报纸的统一视觉感受。因此，在报纸版式中坚持栏型的规则，更有利于报纸版式形象的树立，也是目前国际报纸版式设计的重要手段之一。

在编排报纸版式的时候要注意版式的流畅感，以下是报纸版式的三大禁忌：

（1）通版

所谓通版就是纵向上连续空白，就造成了版式的"通"，如果从上一直到下都出现了"通"的版式，就叫版式的通版，见图59。

（2）断版

横向上连续空白，形成了版式的"断"，如果从左"断"到右，版式被"拦腰斩断"，形成了断版，见图60。

（3）碰题

两篇文章的标题都处于统一水平位置就形成了碰题，见图61。

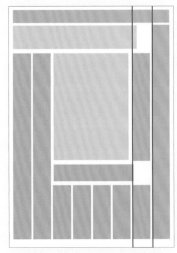

图59_通版

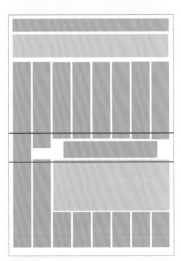

图60_断版

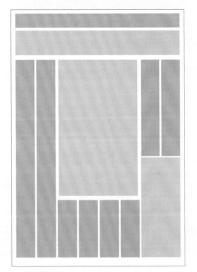

图57_8栏报版

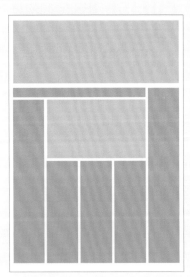

图58_5栏报版

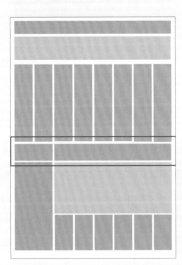

图61_碰题

## 6.3 杂志版式设计

杂志是信息传递的又一重要载体，种类繁多，根据出版刊物的读者群定位，选择杂志的版式设计，可以有效引导读者阅读，达到传达信息与销售杂志的目的。

### 6.3.1 杂志版式设计的特点

在结合杂志内容设计杂志版式的时候，首先要充分了解杂志的风格，对杂志的主题进行分析与了解，定位杂志的读者群体。杂志与书籍不一样，读者在阅读的时候可以随意观看，可以根据兴趣爱好进行选择性的阅读。不用从第一页开始依次往后面阅读也可以清楚阅读内容。

在编排杂志的时候，可以根据内容的不同而选择适当版式构成。有很多期刊杂志都是采用固定的编排结构：目录、内容、读者来信、编辑后记、连载等，每期都会出现在版式上，整个版式风格也基本不变，已经成为该杂志的品牌形象宣传结构。在固定的风格基础上更能设计出个性的杂志版式，见图62~图64。

设计杂志的封面时可以采用简洁大方的表形手法，也可以采用摄影图片使封面变得绚丽多彩。杂志封面主要以吸引读者注意为前提，帮助杂志树立品牌形象。再简单的封面设计都必须注意杂志的名称与刊号。杂志的名称要与版式中其他元素区分开，达到醒目的视觉效果，给人留下深刻的印象，一般编排在封面的上部，在杂志摆放在书架上时，书籍名称可以显露在外面，方便读者寻找，吸引消费者购买，见图65~图66。

图62_杂志版式（1）

图63_杂志版式（2）

图65_封面设计（1）

图66_封面设计（2）

图64_杂志版式（3）

杂志具有时尚、绚丽的画面效果，经常用来刊登高质量的广告信息，既能吸引读者仔细阅读广告，又能运用较好的形式来展现商品的色彩、质感等。

杂志的版式设计与其他单页海报与传单不同，杂志是多页结构的印刷品，在设计版式的时候不是单纯的设计好每个页面就算完成了，在编排杂志版式时必须考虑页与页之间的联系。

在杂志中有很多文章，这些文章的长短、内容、顺序以及风格，根据媒介的不同而产生变化，其构成是非常复杂的。因此，编排杂志版式时应注意页面的整体性特征，使页面展开后具有整体统一的视觉效果。充分运用版式的节奏，使页面在统一中求变化，既加强了版式与版式对比，同时具有阅读的节奏美感，见图67。

杂志属于连续性平面版式设计，一般采用分栏的方式编排版式，分栏可以理性地编排版中的各种元素，根据设计内容与风格，选择版式分栏的形式。杂志版式设计主要是针对版式的需要，将文字与图片等各种信息进行编排组合，形成书页，使页与页之间形成连续、清晰顺畅的视觉美感。杂志的设计风格主要由杂志本身所表达的内容来决定。下面从杂志的结构以及页与页之间的关联来分析杂志版式的设计特点。

由于杂志具有多页结构这一特征，因此，在编排杂志版式时，页与页之间的连贯性是非常重要的，它影响着整个杂志的阅读节奏。要做到前后连贯，首先应注意保持统一的版式结构，其次要注重每一页的色调与字体的统一，最后确定每个页面的作用。

1）保持一定的页面结构。这样可以避免版式紊乱，使页与页之间具有连贯性，不影响视觉流程，见图68~图71。

图71_杂志页面结构

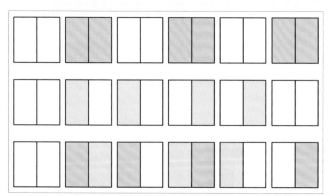

图67_杂志页与页之间的联系

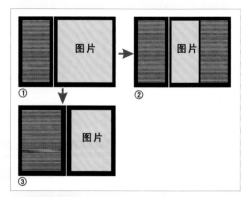

图68_页面说明图

▲ 版式中颜色的区分主要表现为杂志版式中，版式编排的多样化与节奏感，并不是要追寻同一种版式结构，页与页之间在不断变化。

图69_杂志版式（1）

图70_杂志版式（2）

2）明确每个页面的作用。杂志版式中由于页与页之间的主要作用不同，在版式设计中所采用的编排方式也要有所区分，要根据文章所表现的具体内容来选择版式编排的方式。见图72~图73。

3）统一色调与字体。在杂志版式中，页与页之间的版式构成在不断地变化，但最终还是要与整体相协调。在色彩与文字的编排上，如果同一主题的文章中采用统一的色调与字体，那样可以使整个杂志版式阅读节奏流畅。如果在每个页面中都采用不同的字体与色调，将打破版式的协调统一性，使整个版式阅读起来很费力，见图74~图75。

### 6.3.2 网格的设计

一般来讲，期刊杂志的版式大多数都采用三栏网格的形式进行编排，使整个版式节奏紧凑，阅读视觉更流畅。图78采用打破网格的形式编排版式，使网格在版式中若隐若现，具有很大的自由感，给人轻松的感觉。

在杂志版式中，网格可以采用竖栏编排版式，也可以使用横栏编排版式，应根据杂志内容的需要选择不同的编排方式。竖栏主要表现为版式中竖向的关系，可分为单栏、双栏或多栏（详见第4章网格的类型）。在必要的情况下，竖栏也可以分为整栏或者半栏，其主要目的是使版式文字编排整齐，便于阅读。在时尚杂志中，通常采用大开本的版式形式，文字的编排一般采用分栏的形式，以减少单行文字过长而带来的阅读疲劳感。

横栏主要表现为版式中横向的主次关系。横栏的编排在版式中也有多种表现方法，也同样是将版式分为多个栏，按照栏的分布结构对文字和图形进行编排。横栏要与竖栏保持一定的关系，在字体选择上根据版式的需要加以调整。分栏的主要作用是便于文字与图形在版式中能够灵活运用，见图76~图78。

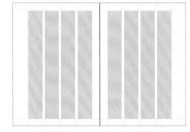
图76_网格版式示意图（1）

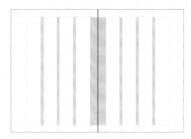
图77_网格版式示意图（2）

图78_杂志版式

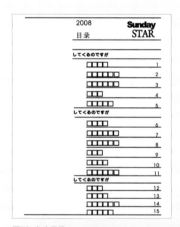
图72_杂志目录

图73_杂志正文

图74_杂志版式（1）

图75_杂志版式（2）

### 6.3.3 文字的特殊设计

杂志版式中，文字是主要的信息传递元素，人们通过对文字的阅读理解，掌握信息的要点。文字的编排要注意标题文字与正文文字的区别，一般来说，标题的文字采用粗体，没有明确的大小，其主要作用是达到吸引人们注意的目的，因此在设计标题文字的时候要注意醒目得体。正文文字的编排是和标题关联的，一般采用八至十号字为佳，不要低于五号字，否则长时间注视就会非常吃力，造成阅读疲劳，见图79。

文字是杂志版式中视觉媒体的重要构成要素，文字排列组合的好坏，直接影响着整个杂志的视觉传达效果。因此，文字设计是增强视觉传达效果，提高杂志的信息传达，赋予版式审美价值的一种重要构成技术。

（1）文字在杂志版式中的可读性

杂志版式中，文字的运用要避免杂乱，易于阅读，切勿只顾着字体设计，而忘记文字的根本性目的是传达信息，表达杂志主题，见图80。

（2）注意文字的编排

文字的编排要考虑到整个版式的构成，不能出现视觉冲突，注意版式整体层次与主次关系，见图81。

（3）文字视觉上的美感

文字作为版式中视觉构成的重要元素之一，具有视觉传达的作用，在编排版式时要注意版式的整体美感。

在杂志版式中，文字的编排方式很多，其最主要的目的是信息的传达，通过版式设计使信息传达更具有美感，使阅读更流畅，形成版式的风格化及品牌形象，见图82。

图80_文字可读性

图81_杂志版式（1）

大标题

二级标题

小标题

主标题

条形码

图79_标题文字的应用

▲ 杂志版式中，文字字号的编排，具有明确的层次和主次分明的视觉传达效果。

图82_杂志版式（2）

### 6.3.4 图片的处理

随着读图时代的来临，图片已成为杂志版式中不可缺少的构成元素之一。图片在杂志版式中的运用，打破了版式"素面朝天"的版式形式，舒缓了阅读的紧张感。图片的使用可以辅助宣传文字信息，使信息传达更直观、清晰，富有情感。合理地编排图片能使整个版式具有耐看性，辅助信息传达。

在杂志版式中使用的图片大致包括：新闻图片、摄影图片以及设计图片等，图片的运用体现了一本杂志的整体风格。现在很多杂志都形成了自己的品牌形象与艺术风格，其主要表现在对图片的内容选择及大小位置的编排上。

图片是版式内容的体现、信息的延伸以及补充。一张图片可以使版式情感化，更具有吸引力，让版式信息传达更完善。图片在版式中的表现方式多样，下面我们学习几种常见的图片编排方式。

1）组图的运用。由于图片具有直观、醒目的特点，可以通过单张或组照独立成篇，增加杂志的可读性，见图83~图84。

2）去底图的运用。在版式中去底图片的运用，使版式编排更自由，整个版式显得活跃，给人轻松愉快的视觉效果，见图85~图86。

3）出血图的运用。图片以出血图的形式编排在版式中，使版式具有强烈的空间感，版式具有活力，见图87~图88。

4）背景图的运用。将图片以背景的形式出现在版式中，使整个版式更具有层次感，可以改变文字单调乏味的设计，见图89。

图83_组图运用版式（1）

图84_组图运用版式（2）

图85_去底图运用版式（1）

图87_出血图运用版式（1）

图88_出血图运用版式（2）

图86_去底图运用版式（2）

图89_背景图运用版式

### 6.3.5 标注的应用

标注是一种解释说明性文字，在杂志版式中，起着说明的作用。标注，对版式进行局部说明，使读者在阅读的时候能快速了解版式信息。图90是一时尚杂志的局部图，文字运用的主要目的是对衣服的解释说明，起着标注的作用，让人一眼就能明确版式信息。在图91中，版式中的箭头也是一种标注的表现，起到引导人们阅读的作用，在版式上表现较为明显。在杂志版式中，标注常常以解释说明或是引导读者的形式出现，都采用某种形式突出表现在版式上，如箭头、圆圈、括号等，使版式信息易于阅读，见图90~图91。

标注是很多时尚期刊杂志版式构

成的重要元素，很多期刊杂志在版式中采用去底图片的编排方式，版式中图与图之间可以采用标注，既达到了说明图片的作用，同时使版式具有层次感。标注一般以小面积的形式编排在版式中，起到了点的衬托作用，增添了版式的活力，能更清楚明了地将信息传递给读者，见图92~图95。

## 6.4 招贴版式设计

招贴设计属于户外平面广告宣传的一种形式，它以大面积的版式传达信息，具有强烈的视觉效果，是信息传递最古老的形式之一。招贴设计具有视觉效果强烈、版式简洁、信息传达明了等特征，在信息传达中占有重要地位，见图96。

图90_杂志标注实例（1）

图91_杂志标注实例（2）

图92_杂志标注实例（3）

图93_杂志标注实例（4）

图94_杂志标注实例（5）

图95_杂志标注实例（6）

图96_招贴设计

122

## 6.4.1 招贴版式设计的特点

招贴最早是指张贴于纸板、墙、大木板或车辆上的印刷广告，或以其他方式展示的印刷广告，它是户外广告的主要形式，也是广告的最古老形式之一。

虽然广告业在不断发展进步，新观念、新理论、新技术与新的传播手段不断涌现，但是招贴始终无可取代。招贴是当今信息传递的重要手段之一，这主要是由招贴的特点所决定的。招贴设计多数采用印刷的方式制作而成，主要用于公共场所。在编排方面，招贴设计版式通常采用简洁夸张的手法，突出主题，具有强烈视觉效果，可以吸引人们的目光，见图97~图99。

下面从招贴设计的色彩与版式的表现手法两个方面分析，了解招贴设计如何表现强烈的视觉效果。

（1）招贴设计的色彩运用

现代广告招贴设计的色彩有别于传统招贴设计，这是一门综合性的色彩设计艺术，需要具有敏锐的色彩设计思维和创新的色彩表现手法。招贴几乎遍布社会的各个角落，在传达信息方面运用得十分广泛，招贴之所以能引起公众的注意力，色彩设计是关键。因此，在做招贴设计的时候，首先应考虑色彩的生理因素与心理因素以及社会生活因素。如图97是一张电影海报招贴，该版式在表达电影主题的基础上，充分运用色彩视觉联想的功能，使人们通过招贴的主题色彩产生对电影剧情的想象。

图100是一张饮料招贴，设计师通过对该饮料外在形象的分析，搭配版式色彩，使整个版式协调统一。

图101是一张化妆品招贴，选用浪漫、艳丽的色彩编排版式，使版式具有强烈的视觉效果。招贴设计中，色彩的合理运用对整个招贴的视觉效果有着非常大的影响。

图102是一张香水广告招贴，选用粉色系的画面进行编排，使整个招贴充满浪漫、可爱的氛围。

图99_英文电影海报

图97_韩国电影海报（1）

图98_韩国电影海报（2）

图100_饮料招贴设计

图101_化妆品招贴设计

图102_香水招贴设计

（2）招贴设计的表现手法

招贴要求版式简洁，信息突出，在色彩上不宜使用过于复杂的颜色，应以客观、直白的色彩吸引人们注意。招贴作为户外广告，具有面积大的特征，要求在版式上尽量使用大面积的图形，字体选用较大的字号，使版式具有强烈的对比与视觉冲击力，吸引人们注意，见图103~图104。

图105是一张电影宣传招贴，从版式结构来看，整个版式采用满版型的编排方式，具有强烈的空间节奏感。运用出血图片，使版式变得更具有活力和真实感，加上图片本身的拍摄角度，图像与人物的大小对比，营造出一种惊险、刺激的版式效果，具有强烈的视觉冲击力。采用简洁的文字编

排在版式的左边，使标题信息明显，突出了该电影海报的主题，具有强烈的视觉效果。

图106中，版式采用大幅的人物图片作为天空背景的形式，给人强烈的视觉效果，两次图的应用使版式更加饱满，整体画面协调统一，充满了宁静、优雅的氛围。

图107中，以电影主角的特写形式，结合留白的合理运用，突出了版式的视觉效果，给人联想的空间。

在版式设计上可以采用夸张、对比、幽默、特写等表现手法来突出主题，表达消费者的心理需求，产生强烈的视觉效果从而达到传递信息的目的。见图108~图109。

图105_电影海报（3）

图106_招贴设计（1）

图103_电影海报(1)

图104_电影海报（2）

图108_招贴设计（2）

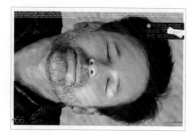

图109_招贴设计（3）

图107_电影海报

### 6.4.2 开本纸张的选择

招贴的宣传方式多种多样，因此，选择招贴的尺寸是很重要的，要在适当的环境选择适当的招贴尺寸才能更好的达到宣传目的，见图110~图114。

在招贴设计中，较常用的一种尺寸是30英寸×20英寸（508mm×762mm），依照这一尺寸，又发展出其他尺寸：30英寸×40英寸、60英寸×40英寸、60英寸×120英寸、10英寸×6.8英寸和10英寸×20英寸。较大尺寸是由多张纸拼贴而成的，例如最大标准尺寸10英尺×20英尺是由48张30英寸×20英寸的纸拼

贴而成的，相当于24张全开纸的大小。专门吸引步行者的招贴一般贴在商业区的公共汽车候车亭和高速公路区域，并以60英寸×40英寸的尺寸为多。而设在公共信息墙和广告信息场所的招贴（如伦敦地铁车站的墙上）以30英寸×20英寸和30英寸×40英寸的尺寸为多。

图110是一张家居品牌的宣传招贴，选择满版的版式形式，使该招贴在版式造型上具有强烈的视觉效果，更能吸引人们的注意。招贴中沙发的弧线使整个版式具有线条的流畅感，展现家居品牌的时尚个性。右上角的标志使招贴的主题更加明确，对品牌起到宣传的作用。

图111_电影宣传海报

图112_周年庆海报

图113_儿童杂志内页设计

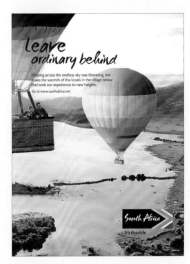
图114_杂志广告版式

图110_家居广告设计

### 6.4.3 标题文字的设计

招贴的文字常以较大的字号出现在版式上。标题文字一般配合大面积的留白或是色彩与图形相衬托，在版式上具有强烈的视觉效果，突出了招贴的思想主题，达到了视觉传达的目的，见图115~图116。

### 6.4.4 说明文字与图形的版式设计

招贴中的文字宜少不宜多，主要是以图形的方式进行视觉传达。在编排招贴版式的说明文字时，尽量把文字精简，达到说明的目的就行了。招贴是远距离传达信息的设计，因此，文字的大小直接关系着信息是否能够顺利传达。如果文字信息过多，人们远距离观看会造成视觉疲劳，不能很好地传达信息。因此，在编排说明文字的时候尽量采用简洁、清晰的方式，以达到信息传达的目的，见图117~图118。

在招贴设计中，采用对比的形式可以使版式具有强烈的视觉效果。通过对比的关系传达文字信息是招贴常用的一种手法，文字的大小、曲直、刚柔、浓淡、虚实等表现形式，在不经意间就将信息传递。

（1）文字的对比法则

在招贴设计中，文字的对比主要表现在文字的艺术设计手法上，主要是指文字的字体、大小、色彩、位置的编排关系。文字的对比可以增添版式的活跃感，打破单调版式的沉闷感，丰富版式层次，见图119~图121。

图119_文字对比（1）

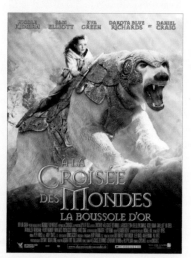

图120_文字对比（2）

图121_文字对比（3）

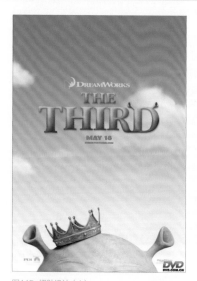

图115_招贴设计（1）

图116_招贴设计（2）

图117_杂志版式（1）

图118_杂志版式（2）

文字的大小对比是招贴版式中主要表现手法，对比弱，给人稳定、安静的视觉感受；对比强，则给人刺激、醒目的视觉感受。其次，还有文字的明暗对比、粗细对比等。文字的明暗对比主要是指文字在版式中的正反对比，比如黑与白的对比版式；文字的粗细对比关系呈现男性气概与女性柔美的视觉感受，见图122。

（2）文字对比的传达之美

文字的主要功能是传达信息，具有识别性，同时也是文化的象征，人们通过阅读文字获得各种信息。因此，在招贴中通过对比的文字不仅传达了信息，而且还加强了文字本身的对比美感，形成了传达之美。在招贴版式中，标题文字与说明文字间的大小对比，使标题文字在版式中具有强烈的

视觉效果。版式中文字间相互影响所产生的对比与依托关系，使文字主次关系明确，见图123~ 图124。

（3）文字对比的创意之美

文字的创意主要是通过文字的字体样式与色彩的设计来表现的，使文字具有个性化的特征，体现文字的识别性。在招贴设计中，广泛地运用文字的对比关系进行版式设计，文字以图形化的形式出现在版式中，展示出字体的独特魅力，更好地传递信息，见图127。

招贴设计中，文字的大小对比强烈，使版式具有强烈的视觉效果。文字采用正反对比的形式，使版式更具有生气，体现版式的个性化。见图125~ 图127。

图122_文字艺术对比

图123_文字图形对比（1）

图124_文字图形对比（2）

图125_杂志版式设计

图126_银行广告版式设计

图127_杂志广告版式

成功的招贴除了具有明确的文字信息是不够的，图形的合理运用，可使招贴更具生气，有利于信息的传达。

1）突出主题。招贴中图形的运用要充分考虑主题，切勿随意地使用版式图形，应根据对主题的分析，以独特的视觉元素富有创意地进行设计，见图128~图129。

图128中，利用满版式构图使画面主题明确，结合文字的说明对版式进行诠释，画面极具视觉效果，是较为出色的公益广告招贴。图129中，利用字母的形状组合左右版式，使人物与文字联系更为紧密其，对版式起到渲染主题的视觉效果。

2）强烈的视觉效果。由于招贴受环境因素的限制，在编排版式图形的时候应注意色彩的运用，以免与环境融为一体，不能达到视觉效果突出的目的。在招贴版式设计中，可以采用抽象或具象的图形，也可以采用文字的图形化表现方式。总的来说，要求整个版式简洁、不杂乱，具有层次清晰、主题突出的视觉效果。图形设计时，增强画面的视觉冲击力的方法有很多，从内容上看，有讽刺、幽默、悲伤、残缺等；从形式上看，有矛盾空间、反转、错视、正负形、异形、联想等，见图130~图132。

图131中，利用色调较冷的蓝色与鲜艳的红色进行色调对比，制造强烈的画面视觉效果，使招贴的表现力更加出色。

3）图形语言。招贴中图形的编排方式具有明确的设计语言，采用简洁明了的设计元素设计版式，好的招贴只采用图形，不加文字说明也能体现出版式的主题思想，见图133。

图131_电影招贴（1）

图132_电影招贴（2）

图128_公益招贴

图129_人物招贴

图130_艺术招贴

图133_公益招贴

## 6.5 DM版式设计

DM 是英文 Direct Mail 的缩写，即直邮广告，主要是通过邮寄、赠送等形式直接传到人们手中的一种信息传达载体。

### 6.5.1 DM版式设计的特点

DM 是一种非轰动性效应的广告，主要以良好的创意、富有吸引力的设计语言来吸引目标对象，以达到较好的信息传达效果。DM 的设计具有很大的自由性，运用范围广，表现形式多样化，主要有传单、折页、请柬、立体卡片、宣传册等形式，见图134~图135。

DM 在版式编排上具有很大的灵活性。由于版式本身不大，就要使用视觉效果强烈的图片，增加版式的吸引力。在文字较多的大型宣传单上，应注意文字与图片的距离，采用网格的形式进行版式编排，可以有效地调整版式，使文字与图形合理地编排在版式上。灵活地运用网格的特征可以使版式在平稳中带有活跃感，让人阅读的时候产生美的感受，有助于信息更好地传达。如一些产品宣传册，文字信息与图片信息都较多，图片的形状大小不一，这样的版式就要充分运用网格结构进行编排设计，见图136~图137。

DM 在编排版式的时候应注意出血，一般情况下，要在页面的上下左右各留3mm。由于DM样式的多样性，可以根据版式需要加大出血的面积，以免裁切的时候造成版式的缺损，见图138。

图134_折页DM

图136_DM版式编排（1）

图135_单页DM

图137_DM版式编排（2）

图138_异型DM出血实例

▲ 编排异型DM时，要注意出血的大小，黄色代表被裁切面积，要比正常出血大，以免裁切失误造成版式损坏。

◀DM版式要注意文字与图形的编排，运用网格结构，使文字与图片编排整齐，便于阅读。该版式中文字大小的对比使版式具有活力。

DM 设计中，常见的基本版式有四种，这里所说的版式主要是指文字与图像的编排方式。这四种基本版式不仅仅在 DM 中出现，在报纸、杂志、招贴等版式中也常常被采用，见图139~ 图142。

以下对几种对其方式进行了解：

1）左对齐的形式使版式看起来统一和谐，便于阅读，是版式中最常用的基本版式。

2）中心对齐之后，在右形成对称的图形，版式具有稳定性，但容易造成版式呆板。

3）右对齐的版式显得新颖，具有个性化的表现。

4）在 DM 版式中常常采用把文字放入方框中的版式，主要用于突出一部分信息与文字间的区别。

图 143 是一张汽车广告宣传 DM 设计，充分地将 DM 的基本版式运用在版式中，运用了文字左对齐与右对齐的编排形式，将文字采用"放入框中"的编排结构，使内容信息更醒目，同时又起到与周围的图片与文字分开的作用。

（1）DM 版式的视觉流程表现

视觉流程以人们的视觉规律为基础，引导读者按照设计师的步骤逐步阅读（详见第 2 章版式的视觉流程）。

由于 DM 要求快速地传达信息，因此，在版式编排上采用引导性的视觉流程不仅可以使版式简洁，而且能让读者快速明白版式的信息内容。假如依靠感觉来编排版式信息，人们的视线是不会按照设计师的意图移动的，因为人们是根据视觉的特性来移动视线的。相反，如果合理利用这种视觉的习惯编排版式，可以使读者在轻松愉快的情况下了解版式信息。

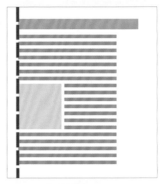

图139_左端对齐示意图

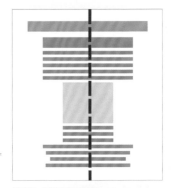

图140_中间对齐示意图

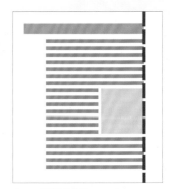

图141_右对齐示意图

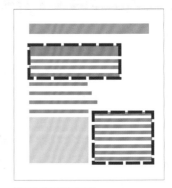

图142_放入框中示意图

图143_汽车DM

**1）从上至下移动**

按照人们的视线移动习惯，人的眼睛对版式的事物有从上至下的观察习惯。将图片编排在版式的上方，可以吸引人们的视线，使人们在阅读的时候，视线自然地从上向下移动，见图144。

**2）运用色彩引导视线**

DM通常表现一系列的产品宣传，在编排图片的时候可以采用同色系的图片来引导人们阅读的视线。因此，在DM版式编排时，要注意文字与图片色彩的统一性，有利于版式的视觉流畅。比如把各项的标题都采用同一色彩与字体，视线很容易移向下一标题上，见图145。

**3）同一方向的移动**

人的视线有向同一方向的内容移动的特点。在没有相似的色彩与图形的情况下，人们的视线一般会移向一旁，见图146。

**4）同样形状的视觉影响**

DM版式还常用到一种视觉流程版式编排形式，就是采用类似的编排形状进行版式的重复编排。如版式采用圆形的形状编排文字信息，人们就会不自觉地去寻找另外一个相同形状的编排位置，从而引导人们的视线移动。版式中图形越鲜明，眼睛的这种表现会越明显，见图147。

DM设计能否吸引人们的视线，合理运用色彩是非常重要的，DM在色彩的选用上应该特别注意。不同性别、年龄的观者，对色彩的喜好有很大的差异，见图148~图149。

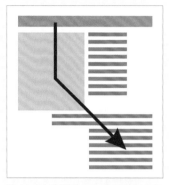

图144_从上至下移动

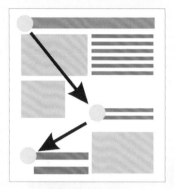

图145_运用色彩引导视线

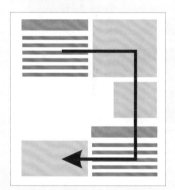

图146_同一方向的移动

图148_家乐福超市DM

图149_色彩运用

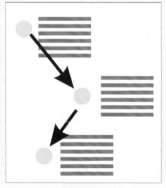

图147_同样形状的视觉影像

（2）DM版式的平衡与视觉冲击力特征表现

在设计DM版式的时候，最主要的是追求版式的平衡。版式平衡是指设计元素以及留白之间的关系。平衡效果好的版式设计会给人美的感受。见图150~图151。在进行DM版式设计的时候，如果把所有的元素都重叠编排在一起而不留空隙，这样的版式会给人一种压迫感。因此，在版式编排中常常设置一些空白，能加大版式的空间感。版式留白的位置能使画面产生动感，但是如果编排不当就会产生凌乱感，甚至会造成信息的丢失，见图152。

一个好的DM版式设计要在视觉上给读者不一样的视觉感受，使读者在第一次接触到版式的时候能够产生视觉上的冲击，并最终获得产品促销的目的。如果只是将设计元素机械地编排在版式上，则不能给阅读者带来任何的视觉冲击，那么这个DM就不能算是一个成功的版式设计。要在DM中表现强烈的视觉冲击力，除了采用本身具有视觉效果的图片以外，设计师通常还依靠运动、体积、画面扩展、前后顺序等方法来表现，见图153。

图154利用小孩与狗狗图像面积相当，使画面达到平衡，黑白色调并放大图片局部的方法，增添了版式的视觉冲击力。

图155运用红色背景与小孩生动的表情进行版式设计，右边的主题文字平衡了画面，使画面左紧右松，极具视觉冲击力。

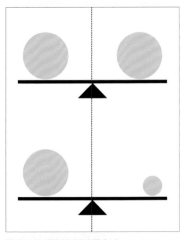

图150_DM平衡版式示意图（1）

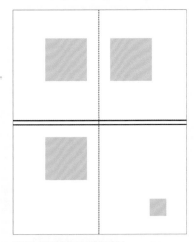

图151_DM平衡版式示意图（2）

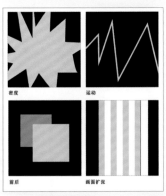

图153_DM视觉冲击力示意图

图154_图片表现视觉冲击（1）

图155_图片表现视觉冲击（2）

图152_DM平衡版式

## 6.5.2 DM的开本

DM 的形式非常多样化，有传单、宣传册、折页、请柬以及卡片等形式。由于它们表现出来的形式的不同，在开本的选择上也就各有所异。由于 DM 是一种投放到人们手中的媒介形式，因此在开本选择上一定要多加考虑，开本的方向是否符合人们阅读的习惯，开本大小是否便于携带。因此，在设计编排一个 DM 宣传折页的时候，应根据内容的主题确立开本的大小及方向。

根据 DM 的开本形式，我们可以将 DM 分为单页版式和折页版式。单页版式主要在 DM 的正面和背面编排信息，一般用于活动介绍与产品促销，属于信息量较少的开本形式。在编排信息量较多的 DM 时，一般采用折页的形式编排版式。DM 折页可分两折

页或者是多折页，将信息有规律地编排在版式上。折页的开本形式多样，可以是纵向，也可以是横向，开本的大小不定，一般不超过 16K，可根据版式需要作适当调整。下面介绍几种常见的 DM 折页开本形式。

1）前后手风琴式折页：两个外翼向内折并折向中间，见图 156。这样的折页方式属于纵向型开本形式。

2）双层折叠插页：此折页的两边都有三个折页，它们向中间折拢就形成了双层折叠插页。该折页方式可以是纵向开本，也可以是横向开本，见图 157。

3）三对页平行折叠：平行折页折叠后并向封面折拢，见图 158。这样的折页方式可以是横向开本，也可以是纵向开本，可根据版式需要选择开本大小及开本的形式。

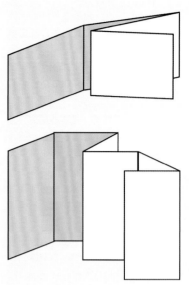

图158_三对页平行折叠

▲ 在版式中DM折页的开本方式，没有明确的规定，可以根据版式的需要，选择采用纵向开本还是横向开本进行信息的传达。一般DM的开本大小不超过16k，以便于人们携带。

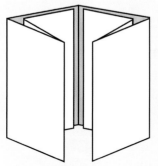

图156_前后手风琴式折页

▲ 前后手风琴式折页，一般采用纵向开本的形式，一般用于商场的产品促销，或是企业介绍等，属于信息量较大的DM形式。

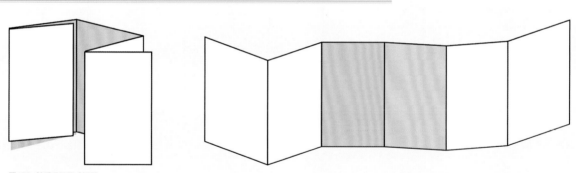

图157_双层折叠插页

▲ DM折页具有多样性的特征，无论是开本大小还是开本形式或折叠的方式都具有很大的灵活性。

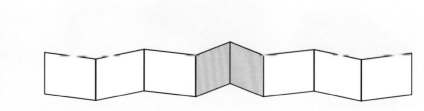

4）后、前折页：中间的页面为封面，两边的折页折叠裹住封面。这种开本方式比较特殊，增添了 DM 折页的趣味性，见图 159。

5）半封面式折页：前后两个半页作为封面，中间页面采用风琴式的方式进行折叠，见图 160。

6）经书式折页：把前后两页作为 DM 的封面，其他页面都向封面折拢，见图 161。

总的来说，DM 在版式选择上具有灵活多变的特性，给人不断创新的感受。DM 在选择开本的方向的时候，可以根据版式需要选择纵向开本或是横向开本。开本的大小也可以根据版式需要作一些适当的调整。在确定 DM 开本大小的时候应注意版式用纸，以正度或大度全开纸为基准，计算全开纸上可以印刷多少个页面，这样可以

节约 DM 的制作成本。DM 的开本形式丰富，可以采用各种处理方式增添趣味，图 162 是不规则的 DM 开本。

### 6.5.3 DM的纸张选择

DM 一般用于中小型企业的产品宣传活动，具有制作简便、费用低廉、视觉效果好、容易保存等特点。由于 DM 属于直邮型广告，主要是以邮寄、夹报、上门投递、街头派发和店内派发等形式进行信息传达的，很容易使 DM 在传递的过程中造成损坏而流失信息。因此，DM 一般选择比较耐磨的纸张，如铜版纸或白卡纸等，根据具体的情况选择纸张的厚度，也可以根据版式的需要选择对 DM 做些特殊工艺处理，如金色处理或对版式进行凹凸质感处理等。

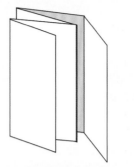

图160_半封面式折页

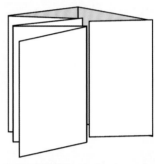

图161_经书式折页

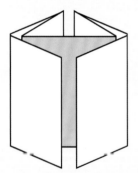

图159_后、前折页

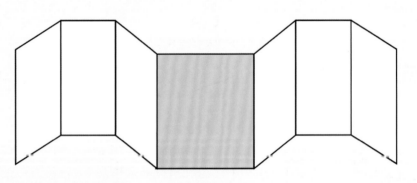

▲ DM的开本可以根据版式的需要，调整大小。适当的改变开本的大小和方向，可以使版式更具有趣味性，引发读者的阅读兴趣，从而达到传达信息的目的。

图162_不规则开本

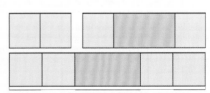

▲ 这是一张不规则的DM展开图。开本大小以不规则的形式出现，体现了该DM的个性化特征。DM的开本大小与方向可以在节约用纸的前提下，根据版式的需要进行调整，达到传达信息的目的。

### 6.5.4 DM的文字与图形设计

在DM版式中，重要文字信息要采用醒目的字体效果表现，使版式具有层次感，在DM版式中，常常采用将文字放入图框的形式见图163，将文字编排在图框内，与背景色分开，达到突出的视觉效果。

在图片的选择上，要选择具有醒目视觉效果的图片，DM脱颖而出。DM的封面常常采用形象写真的图片，所谓形象写真指的是不完全跟现实一样，一般采用夸张或比喻等手法来表现。通过图片使人们对DM的内容产生兴趣与期待，见图164。

值得一提的是，版式中的产品，要实事求是地展现在消费者面前，不能存在欺骗性。版式中的图片，可以通过插画的形式来表现，或采用真实

的商品照片来表现，还可以运用图样的形式来表现，见图165。

在产品介绍DM版式中，要根据所介绍产品的品牌地位决定版式的视觉效果，图166是汽车DM版式，汽车作为高消费的产品，在版式上要求简洁高雅，体现产品的社会地位。版式中采用出血图的编排形式，体现出真实感，文字编排整齐，给人稳定、信赖之感，运用大小图片的对比关系，打破了过于沉闷的版式。

在花艺介绍的DM单图167中，版式采用同类型的花朵图样的形式编排版式，使整个版式显得简洁，能够轻松地传达信息。

图163_DM文字编排在框内

图165_图样示意图

图166_汽车DM

图164_醒目图片

图167_花艺DM

在 DM 版式中，文字与图片的编排直接影响着信息的传达。就 DM 的信息传达效果而言，保证版式的内容简洁、单纯，主题突出，在最短的时间吸引受众的目光，在形式上独具特色，表现版式个性，平衡各元素之间的内在联系，版式中文字与图形的合理布局非常重要。

根据版式的需要，选择图片与文字的编排方式，使版式内容更丰富，见图 168~ 图 171。

图 172 是一张 DM 的内页版式，信息量较大。在编排这样的版式时，应注意版式中文字与图片的大小对比，以及疏密关系。在该版式中，可以看到图片采用去底图的形式编排在版式上，大小对比强烈，使版式具有强烈的空间层次感，主次分明、疏密得体，

整个版式给人活跃的视觉感受。文字以标注的形式围绕着图形编排，以小面积的形式出现在版式中，不仅使人们能够清晰的读懂版式信息，也为整个版式起到了点缀的作用。

图 173 中的文字和图形的编排形式在 DM 版式设计中运用广泛，以版式不平衡感的趣味性特征吸引起人们的阅读兴趣，从而达到 DM 单传达信息的目的。

DM 常用于特卖信息宣传，在编排版式的时候，特别要注意文字与图形的搭配。

图 174 中，版式采用满版图与去底图的对比形式编排，使版式产生左右对比的视觉效果，版式中各元素布局轻快又简洁，从而使版式更具有活跃感。

图168_DM版式设计（1）

图169_DM版式设计（2）

图170_DM版式设计（3）

图172_DM版式设计（5）

图173_DM版式设计（6）

图171_DM版式设计（4）

▲ DM图片与文字的编排设计，让读者很容易理解并接受它所传达的信息。在视觉传达上，图形具有强烈的视觉效果，引导读者阅读文字信息，从而达到信息传达的目的。

图174_DM版式设计（7）

## 6.5.5 DM的类型特点

按照行业的不同，可以将DM分为食品DM、化妆品DM、室内家居DM、日用杂货DM、汽车DM以及公寓住宅DM等，根据DM的不同类型，在文字与图形的编排上也会有所变化，下面根据几个常见的DM版式，对DM文字与图形的编排进行具体分析。

（1）食品DM

在食品DM版式中，一般以食物照片为主要图片，在食品DM版式中如果没有照片是很难起作用的，文字表达的再生动再详细，也远不如一张充满诱惑力的照片作用大。照片可以使视线停留，唤起人们的食欲。如果要表现版式的高级感，应注意价格表达的编排，字号越小，高级感越强，见图175~图176。

（2）化妆品DM

在化妆品DM中，可以根据版式的需要进行图片剪裁。剪裁的图片让人联想到特惠。有背景的四方形图片给人高级感。版式采用四方形图片为主，适当添加裁切图片，调节气氛感，见图177~图178。

（3）日用杂货DM

以去底图片为主，增加图片的数量，以产生杂货铺本身具有的购物的快乐感。文字一般采用大小标题对比以及文字说明密集的方式编排，体现日常杂货的特点。价格编排在说明文字旁边，采用小号字体表现，不要影响商品特色，见图179~图181。

图177_化妆品DM（1）

图178_化妆品DM（2）

图175_食品DM（1）

图176_食品DM（2）

图179_家居用品DM

图180_百货DM

图181_超市DM

## 6.6 网页版式设计

网页是基于网络的新的媒体形式，随着社会的不断进步，网络越来越贴近我们的生活，网页设计作为网络的一部分，主要是通过专门的设计软件，在网络中存在的一种视觉传达版式。网页设计可以说是平面设计的一种延伸，主要是在电脑上进行的一种信息传达形式，见图182~图184。

### 6.6.1 网页版式设计的特点

传统的网页设计是以静态的形式传达信息的，随着社会科技的不断进步，出现了很多种可以设计网页的软件。比如Flash，可以使网页"动"起来。从版式设计的角度来看，网页在

平面编排时和其他版式是一样的，只不过网页的设计与制作需要相关的设计软件与网页设计的专业技术。

网页版式设计中，应注意文字的编排运用，由于网页属于电脑上显示的信息，电脑屏幕的抖动对视觉的影响很大，因此，在网页版式中，文字不能太小或者太细，要适当地增大行距，大段文字可以采用浅色的背景，缓解屏幕与文字的反差。

下面我们来学习一下网页版式设计的主要表现手法。

（1）页面的空间感

在很多网页中都存在着这样一个问题，版式太满，没有层次。其主要原因，就是在编排的时候把所有信息都往版式上堆，造成版式拥挤、没条理。因此，在编排网页的版式时，应

注意版式的主次关系，形式上要丰富，组织上要有秩序而不单调，要合理运用变化与统一的编排方式，使版式具有空间感，见图185~图188。

图182_网页设计（1）

图183_网页设计（2）

图184_网页设计（3）

图185_网页设计空间感表现（1）

图186_网页设计空间感表现（2）

图187_网页设计空间感表现（3）

图188_网页设计空间感表现（4）

138

（2）页面的个性化

随着网络时代的到来，网页的版式形式也越来越多，打开电脑，一进网站就可以看到千篇一律的网页，没有一点特色。同样的版式结构、标题以及按钮编排方式，没有一点个性。因此，在网页的版式设计中，应充分运用自己所学习的版式设计知识，分析网站的优势，进行版式编排，充分运用对比与调和、均齐与平衡、节奏与韵律等表现手法进行设计，使你的网页在众多网页中脱颖而出，更具个性化，见图189~图191。

（3）页面的色调统一

很多人认为，版式中颜色越多，版式效果就越丰富，如果将各种五颜六色的图片编排在版式中，会使版式显得杂乱没有秩序，失去重心。因此，

在编排网页版式的时候，要注意色系的运用，合理地运用版式色系，使版式在视觉上达到和谐统一的效果，能让浏览者对内容不易混淆，增加了浏览的简洁与方便。网页的色彩包含了网页的底色、文字字色、图片的颜色等，并不只是将颜色搭配得当就算完美，还要配合每个内容及网站主题，见图192~图195。

在统一版式的同时，还要注意版式色彩的合理性。比如，网页的底色是整个网站风格的主要表现，以黑色作为背景色的网页，会令人产生黯淡的感觉，不适合用于活泼的儿童网站或者食品网站。因此，在统一版式的时候，要注意版式的主题与色系的统一性。

图192_色调统一（1）

图189_个性化表现（1）

图193_色调统一（2）

图194_色调统一（3）

图190_个性化表现（2）

图191_个性化表现（3）

图195_色调统一（4）

## 6.6.2 网格和版式分布

网页的版式设计和网站的总体结构是一致的，一般采用网格的形式编排版式，可以横向阅读，也可以竖向阅读，应根据版式要求编排文字与图形。网格的运用使网页版式显得整洁，具有稳定的线条结构，使网页各个部分分区明确。

（1）网格

网页版式中，运用网格的划分，使版式分布均匀。按照人们对网页的阅读习惯设置网页的网格，一般采用垂直分割。在版式编排的时候可将分割线作一些弱化处理，或者加一些元素，使左右过渡自然、和谐，从而减少版式左右对比强烈而造成的视觉不平衡感，见图196~ 图197。

分栏式网格结构中，文字通常只出现在一至两栏中，每行的字符数相对较少，在电脑上易于浏览。如果每栏都编排文字，会造成整个版式拥挤，既影响视觉美感也不便于阅读。在网页分栏中，可以在其他栏中设置目录、标题、导航以及图片信息，使版式形成对比，减少阅读疲劳感。国内使用较多的是三分栏，国外则是四分栏式结构较为普遍，见图198~ 图200。

（2）版式分布

版式分布主要是指版式中各个元素的编排构成，在版式中形成的板块影响着整个版式的视觉传达效果。版式分布均匀，使版式层次清晰、疏密有序、空间感强烈；版式编排散乱，使整个版式没有视觉重心，不能很好地进行视觉信息传达。

版式分布其实就是文字与图形以及色彩在版式中的编排。在网页设计中，版式分布主要表现为标题、导航、正文的分布情况。

图198_网页分栏版式（1）

图199_网页分栏版式（2）

图200_网页分栏版式（3）

图196_网页分栏版式

图197_左图分栏版式示意图

▲ 在网页中运用网格，使图片与文字编排整齐，版式层次清晰，便于阅读。

1) 标题。标题是整个网页设计布版式的主要内容归纳，一般分布在网页的上半部分，见图201。

2) 导航。导航主要分布在网页的顶部与左右两边，起到引导读者阅读的作用，见图202。

3) 正文。网页设计中，正文一般分布在网页的中间，采用分栏的形式将图片与文字有秩序地编排在版式中，见图203~ 图205。

在编排网页版式结构的同时，应注意版式的比例关系与留白。比例关系主要表现为：页面所限定空间的长宽比，实体内容与虚拟空间的面积比，页面被分割的比例，图文的关系比以及各造型元素内部的比例等。网页页面讲究空白之美，巧妙地留白有助于更好地烘托主题，渲染气氛，集中视

线，加强空间层次，使版式疏密有序，布局清晰。

### 6.6.3 图形与文字的比例

网页设计同样是一种平面视觉传达，在文字与图片的编排上，应注意文字与图片的比例关系。其中图片在版式中除了能够将信息具体化的展示以外，还具有调节版式活跃感的特征。在版式中，图片面积的多少决定了版式的活跃程度。针对不同主题的网页，在文字与图形的编排上也会有所变化。文字在网页中的编排要求低调、简单、清晰，能够清楚的传达网页信息，每一行的文字字数不宜过多，一般不超过 30 个字，以免造成视觉上的疲劳感，见图206~ 图207。

图203_网页设计（正文）（1）

图201_网页设计（标题）

▲标题分布在版式的上半部分，视觉效果突出。

◀导航一般分布在网页的上下左右四边，引导读者阅读。

图202_网页设计（导航）

图204_网页设计正文（2）

图206_网页设计（1）

图207_网页设计（2）

图205_网页设计正文（3）

在网页中，由于版式具有"动"的特征，通常会将一些重要的文字与图像显示在版式上，其他文字与图像都采用按钮的形式隐藏在版式中，选择按钮进行选择阅读。因此，在网页版式中，设计师应做好引导读者进行版式阅读的工作，以免信息在传达过程中丢失，见图208~图209。

一个好的网页要在第一印象上打动读者，吸引读者阅读。一般来说，网页都有一个开始界面，这个界面就相当于杂志的封面，吸引读者的注意。一般情况下，开始界面都采用满版型版式，多选用较大图像进行编排，文字信息主要传达该网页的主题，整个版式显得简洁而大方，能够吸引读者进行下一步阅读。网页中图片与文字的编排比例关系不同，给人不一样的视觉效果。我们可以根据主题内容的

需要，合理调整图片与文字之间的关系，达到视觉传达的目的，见图210~图211。

### 6.6.4 按钮的位置和分布

在网页版式中，按钮是用于链接部分隐藏信息的细节设计点。观者点击按钮后信息将弹出。按钮为版式节约了空间，同时使网页具有动感与视觉上的跳跃感。设计师可以根据版式的需要调整其位置，一般设置在具有隐藏信息的旁边，方便人们在阅读的时候能够清楚地看见按钮，方便近一步地阅读信息。网页设计中按钮的形式多样，可以根据版式的需要选择按钮的特征，不同风格的版式按钮的形状与位置不一样，见图212。

图209_网页设计（2）

图210_网页开始界面（3）

图208_网页设计（1）

图211_动漫网页设计（4）

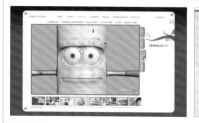
图212_网页设计（5）

▲ 按钮的运用使版式更具有层次感和动感，这也是网页设计相对于平面版式设计在视觉传达上的优势。

# 课后练习

1. 通过对版式编排设计在杂志版式中的作用的了解与学习，掌握杂志版式中基本元素的构成方法和规律。利用所学知识，进行杂志版式编排与设计创作。

创意思路

根据对图形和文字的编排方式的学习与了解，运用版式中网格的编排形式，进行杂志版式设计编排。要求所设计的杂志版式具有明确的视觉传达效果，版式文字与图片搭配合理，使版式具有明确的层次感与阅读的节奏感，见图213~图214。

图213_杂志版式设计（1）

图214_杂志版式设计（2）

2. 通过对版式编排设计在招贴版式中的运用的学习，了解了招贴设计的主要表现手法与特征。根据所学版式设计知识，运用版式编排方法与视觉表现方式，进行招贴版式设计。

创意思路

根据招贴设计的主要特征，确立表现主题并根据主题的需要选择版式编排形式，合理运用对比、夸张、比喻、联想等表现手法。要求招贴版式简洁明了、具有强烈的视觉冲击力、能准确地表达主题思想，具有视觉上的美感，见图215~图216。

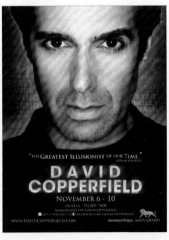

图215_电影招贴海报

图216_公益招贴海报

**图书在版编目（CIP）数据**

版式设计 / 贺鹏 谈洁 黄小蕾 编著. — 北京：中国青年出版社，2012.6
中国高等院校"十二五"精品课程规划教材
ISBN 978-7-5153-0865-4
I.①版… II.①贺… ②谈…③黄…III. ①版式－设计－高等学校－教材 IV. ①TS881
中国版本图书馆CIP数据核字（2012）第128524号

中国高等院校"十二五"精品课程规划教材
版式设计

贺鹏 谈洁 黄小蕾 编著

出版发行：中国青年出版社
地　　址：北京市东四十二条21号
邮政编码：100708
电　　话：（010）50856188 / 50856199
传　　真：（010）50856111
企　　划：北京中青雄狮数码传媒科技有限公司

责任编辑：郭　光　张　军　刘　洋
封面设计：唐　棣　张旭兴

印　　刷：湖南天闻新华印务有限公司
开　　本：787×1092　1/16
印　　张：9
版　　次：2012年7月北京第1版
印　　次：2018年8月第8次印刷
书　　号：ISBN 978-7-5153-0865-4
定　　价：42.00元

本书如有印装质量等问题，请与本社联系
电话：（010）50856188 / 50856199
读者来信：reader@cypmedia.com
投稿邮箱：author@cypmedia.com
如有其他问题请访问我们的网站：http://www.cypmedia.com